Staread
星文文化

你那么优秀，不要输在情绪管控上

优秀的人，从来不会输给情绪！

张　亮 —————— 著

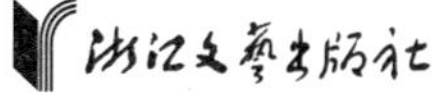

图书在版编目（CIP）数据

你那么优秀，不要输在情绪管控上 / 张亮著. —杭州：浙江文艺出版社，2019.5

ISBN 978-7-5339-5648-6

Ⅰ. ①你… Ⅱ. ①张… Ⅲ. ①情绪－自我控制－通俗读物 Ⅳ. ①B842.6-49

中国版本图书馆CIP数据核字(2019)第068730号

NI NAME YOUXIU,BUYAO SHUZAI QINGXUGUANKONG SHANG

你那么优秀，不要输在情绪管控上

张亮 著

出版发行 浙江文艺出版社

地　　址 杭州市体育场路347号（邮编310006）

网　　址 www.zjwycbs.cn

责任编辑 瞿昌林

责任印制 张丽敏

装帧设计 红杉林文化

印　　刷 北京盛通印刷股份有限公司

经　　销 浙江省新华书店集团有限公司

开　　本 880毫米×1230毫米 1/32

字　　数 154千字

印　　张 7.5

版　　次 2019年5月第1版 2019年5月第1次印刷

书　　号 ISBN 978-7-5339-5648-6

定　　价 36.00元

序 言

很多人拥有“优秀”的称号，他们学识渊博、智商超群、阅历丰富、思维敏捷……然而，他们控制不好自己的情绪，或者喜怒无常，或者内心脆弱，或者敏感多疑，总因为不得当的言行影响了他人的情绪，导致他们的社会关系越来越紧张，甚至影响了职业发展前景。然而更可怕的是，这些“优秀”的人总会不由自主地陷入自以为是的认知中，他们错误地认为自己非常了解自身，也可以正确地解读他人。

事实果真如此吗？

没有哪个人不希望与别人和谐相处，也没有哪个人不希望每天保持愉快的心情，但是很少有人去尝试了解自己的情绪心理，更鲜有人进行情绪管理方面的训练，所以遇到突发事件，就会本能地表达自己的情绪而不考虑后果，或许出发点是好的，但很可能会让情绪接收方感到厌烦或被冒犯。这是很多人在工作和生活中都曾遭遇的窘境，我们想要实现人和人的共赢是合理的，但我们需要了解自己的行为在别人眼中意味着什么，我们需要分析自己的言行是否能帮助我们达到预期的目标。

其实，多数人被社交生活中的问题所困扰，往往是因为太过主观地考虑问题，总是想当然地用数学的逻辑去计算人的感情变化，以至于觉得自己很委屈：明明付出了真心，为何对方还不喜欢我？

情感的事情就交给情绪来解决，如果你不能调整负面情绪，那么负面情绪就会干扰你对社交信息的判断，也会对他人产生偏见，同样，别人也会对你产生误解。所以，我们要从掌控情绪的角度出发，寻找人性之间的共同点和共鸣点，用换位思考的方式透析我们发出的情绪信号，这样才容易了解他人和认识自己。

人的情绪心理是复杂的，既有源于本能的自然反应，也有后天习得的自主反应，但无论是哪一种，归根结底都是人类对生存、爱、安全感、自我认识等方面的强烈需求，只有满足这些需求，才能让我们成为情绪的主人而非情绪的奴隶。

每个人所处的立场不同，识别情绪的结果就会不同，一个人要想从优秀变为卓越，就要学会理解和尊重他人，前提就是准确识别对方的情绪，这样才能决定自己用何种情绪去应对。诚然，有些人足够优秀，但所谓的优秀只能影响我们完成某件事的进度和结果，却不能决定我们做某件事的态度和心情。现代人之所以推崇情商的作用，是因为代表我们优秀的智商要为情商服务，当我们能够自由管理情绪时，才能将情商化为一种特殊的智力，提高我们在社会中的竞争力和人际交往中的吸引力。

当我们能够驾驭自己的情绪时，我们就能最大限度地发挥自己的能力，而那些被情绪驱使的人则会浪费他们所拥有的有价值资源。

既然你那么优秀，就不要被情绪打败，把情绪管控看成你的下一个业务目标，努力完成它，做“双商”同样优秀的真正强者吧。

目 录 /

第一章：优秀的人，从来不会输给情绪

第二章：

情绪管控，决定了你的人生格局

第三章

接纳自己，不完美才美

第四章：

非暴力沟通，高情商的说话之道

第五章

内在激励，让压力变动力

第六章：

别让自己的爱情，输给了情绪

第七章

允许指点，但谢绝指指点点

第一章

优秀的人，从来不会输给情绪

1. 特别牛的人都是特能忍的人

有些时尚火爆一时却转瞬即逝，比如霹雳舞、杀马特，有些时尚却长盛不衰，比如“忍学”以及周边衍生物：“忍”字的座右铭，“忍”字的文身……似乎从“忍”这个字造出来的那天起，就一直被人推崇着。

把“忍”字文身上的人，也许只是能忍住痛而已；把《忍经》倒背如流的人，也许只是能忍住大脑的疲劳罢了。真正的牛人，早已经把“忍”字写到了经历中。

真正的“忍”应该包含四个内容：自我牺牲，追求境界，主动退让，权谋。

自我牺牲是为了实现崇高的目标，是我们常说的卧薪尝胆。

我们先来扒一扒著名主持人、培训师、作家乐嘉的一段人生经历。

乐嘉16岁进入银行，按套路是“升级、打怪、练装备”，最后成为银行行长，这样的人生也算滋润了，然而乐嘉不喜欢这种枯燥单调的生活，办公隔间割裂了他对未来生活的想象，最后他毅然辞职进入雅芳，转行做了一名销售。在积累了经验之后，乐嘉去上海变身为直销培训师，总算找到了让他打算做一辈子的工作。可惜这个好梦刚做了个开头，欣赏他的一位总裁因为内斗被辞退了，乐嘉也被牵连，混到最后除了基本工资什么都没有。乐嘉该不该抱怨？应该，因为他是内斗的牺牲品。乐嘉能够选择不接受现实吗？当然，因为他的能力被低估了。然而，乐嘉却忍耐下来。他开始在报纸上浏览招聘信息，每天写30封应聘信，两个月下来一共写了一千五六百封，结果只有100封回信。即便如此，乐嘉还是忍受着这一回合的打击。后来，他终于有机会进入台湾的一家个人成长训练公司，拜了一位培训师为老师，却没想到遭遇了一位魔鬼教师——他不仅要背诵老师的讲课录音，还要揣摩老师在台上的动作以及临场应变能力。更让人难以忍受的是，老师要求乐嘉改掉口头禅，方法是将口头禅重复1000遍。这种折磨堪比工作在富士康的流水线，但乐嘉还是忍下来，他用自我牺牲作为成长的代价，这才有了今天的成就。

如果说自我牺牲带有一些功利色彩，那么追求某种境界就是为了克制人性之恶。

日本人很喜欢忍学，日本社会流行一本名为《断舍离》的书，这本书的核心要点是“不断舍弃废物，脱离对物品的执念”。很多日本人用“断舍离”的生活理念鞭策和要求自己，克制不必要的欲望。现在，随着“剁手族”的日益崛起，中国也有一些喜欢“败家”的消费者受到“断舍离”思想的影响，将多余的东西送给需要的人，清空家中的闲置物品，追求极简主义的新生活方式，忍住了对物质的无尽索取，让人生上升到新的境界。

有时候，忍是为了达到某种目的而采用的权谋，不过能驾驭者寥寥无几。

春秋末年，衰落的晋国逐渐被智、韩、赵等六家大夫掌握了实权，其中以智家的智伯瑶为最强，此人骄横霸道，想要一家独大。当时正赶上赵家的赵襄子继承父位，羽翼未丰，智伯瑶为了显示自己的威风，竟然在赴宴时殴打了赵襄子，然而年轻气盛的赵襄子并没有还以颜色，而是选择了忍耐。后来，当智伯瑶胁迫韩赵魏三家大夫听命于他时，赵襄子第一个反对，最后联合其他两家灭掉了智伯瑶，赵国由此成为战国时代的七雄之一。智伯瑶的跋扈和赵襄子的隐忍，在一进一退之间形成了力量的置换，这是“小忍”换来的“大谋”。

还有一种忍叫作主动退让，它无关权谋，而是一种生存策略，却常被很多人忽视。

北宋宰相富弼年轻时，在街上遇到一个口出狂言的穷秀才，秀才问富弼：如果别人骂你该怎么办？富弼说他会装作听不见，秀才认为富弼肚子里没有什么学问，对他嘲笑一番离去。仆人问富弼为何这么尿，富弼说和这种喷子辩论没什么意义，闹不好还会被对方记仇。也是机缘巧合，后来富弼逛街时又遇到这位秀才，他主动和秀才打招呼，秀才反而骂他是乌龟，富弼却不予理睬，还说秀才骂的不是他，因为天下同名的人多了。富弼对秀才的退让，让他在民间和文化圈子里收获了好名声、好形象和好人缘，这个忍可谓千金难买。

柏拉图说过，耐心是一切聪明才智的基础。

人的聪明才智好比一锅汤，忍耐力就是汤锅下面的文火，只有持之以恒地燃烧才能让汤发出四溢的香气，如果换成了猛火那汤很快就被烧干了。其实，生活中遇到的很多事也是如此，你忍不住发火了，除了落下一个暴脾气的名声外，再就是一堆名存实亡的社会关系了。如果在动怒之前控制一下情绪，结局就可能不一样了。

狼是草原和丛林中的强者，它们终生都在追寻狂野的自由，它们虽然没有狮虎那样强健的体魄，却拥有良好的协作性、不达目的不罢休的韧劲，以及超强的忍耐力。狼可以忍受饥饿，直到发现猎物。即便如此，狼也不会盲目地发动进攻，而是准确地寻找最佳的捕捉地点和时机，直到天时地利人和俱佳时，狼才会纵身一跃，用之前积攒的爆发力咬住猎物的咽喉。

忍耐才是牛人的通行证。如果你还没有那么牛，不妨从训练忍耐入手，而调整心态就是第一步。

有的人遇到挫折就消沉，认为人生的末日来临；还有的人潇洒地离家出走，做一个失联的“世外高人”。其实，任何一种逃避都是没意义的，你能逃离的只是你遇见的人和事，却逃不掉造出人和事的根源——世界。不如学会忍耐，等待事情的转机，等待人际关系的整合，或许就能柳暗花明又一村。

忍一时不是为了等待风平浪静，而是复盘自己的言行；退一步也不能海阔天空，但是可以把更多的人留在身边。

2. 什么才是真正的好性格

现在健身的人不少，健“性格”的人却不多。因为如今的思潮是追求个性解放：我强势因为我是事业型，我软弱因为我本性纯真，我腹黑因为我患有PTSD（创伤后应激障碍）……几乎没有人愿意坐下来研究一下性格的弱点，更不知道什么才是“好性格”。

我们先来看一个自律到几乎变态的牛人——本杰明·富兰克林。说他牛，因为他是美国历史上第一位享有国际声誉的科学家和音乐家。说他自律到变态，是因为他在年轻时锁定了一个目标：克服所有坏的性格倾向。当然这不算什么，拿到今天也不过是一个键盘侠的自我修养标准，但是富兰克林有严格的计划书，他给自己列出了13个性格的修炼计划，包括节制、守秩序、勤俭、真诚等。为了达成目标，富兰克林每天晚上都进行自省，如果犯了一种过失就在对应的栏目里记下一个黑点，一直坚持下去，到最后，富兰克林果然成了自己想要成为的人，虽然不是什么大圣大贤，却没有了明显的性格缺陷。

爱因斯坦说过："优秀的性格和钢铁般的意志，比智慧和博学更为重要，智力上的成就在很大程度上依赖于性格的伟大，这一点往往超出人们通常的认识。"爱因斯坦也好，富兰克林也罢，他们都认识到好性格对人生的重要性，不过他们并没有正面回答一个问题：到底什么才是好性格。

拿大多数人认可的来说，乐观、阳光、宽容、善解人意等都是好性格的构成要素，归纳起来无外乎两条：好性格都是能够与人融洽相处的，或者是能够约束和激励自我的。为何这么说？因为好性格的评判来自他人，而能够得到他人认可的，必定是和他人相处时产生正面作用的：或者在社交中让人愉快，或者能够为他人树立榜样。

再来看一个更牛的好性格的人。

在20世纪的美国农场里，有一个叫沃伦·哈定的年轻人，他简直是一个好性格的活体标本：人家让他割庄稼，他二话不说拿起镰刀就走；人家让他挤奶，他就拎起桶钻进牛棚。无论是买东西还是帮人干活，他从不跟人砍价，也从来不和别人发生争执。最后，哈定的父亲语重心长地跟他说：幸亏你是个儿子，如果你是女孩，肯定总是怀孕，因为你不会说"不"！

就是这么一个人畜无害的年轻人，任劳任怨地在报社当了几年学徒，最后成了报业的精英。大学毕业后，别的同学忙着面试，哈定却买下了一家濒临倒闭的报社《马里恩星报》，最后让这家报社起死回生，他也从一个老实人变成了一个企业家。1920年，哈定参加了美国总统大选，本来这位老好人不是共和党首推的人物，但是其他人口碑太差，被一个个排除了，轮到讨论哈定时，在场的喷子竟然找不到一个否定他的理由，因为哈定根本就没有敌人，最后顺利通过。在接下来的终极竞选中，哈定的对手考克斯可不给这位老好人面子，当场说了哈定很多坏话，然而哈定没有还嘴，因为他不忍心破坏考克斯的“好人形象”。结果如何呢？嘴里没吐出一句脏话的哈定赢得了多数选民的支持，成为美国第29任总统。

你看，好性格能帮助一个农场小子成为美国总统。

也许有人觉得哈定是一个没有原则的老好人，这完全是一种误读，因为哈定是能分清好人坏人的，只是他的言行要服务于他的人生理想。归根结底，哈定是一个中庸但不平庸的人。所谓中庸，就是常把“是”挂在嘴边，从不和人作对，但也不意味着他委曲求全，因为当哈定在说“是”的同时也优化了他的社交环境，让别人放下了对他的敌意、距离感，以及不确定性，让他有机会韬光养晦，最终异军突起。

从这个角度看，好性格是内在智慧的一种体现。

那么，一个人的好性格是怎么形成的呢？跟家庭教育和自我训练有关。当然，家庭教育我们选择不了，但是自我训练却可以操作，其核心要点就是不刻意结交朋友或者结下仇怨。也许有人认为多个朋友多条路，这话没错，但是有了朋友往往在客观上就有了阵营，就会被别人划入敌对势力中，等你发现时已经背后挨了一板砖。

心理学上有一个名词叫“心智化”，是指一个人认识自我和他人情感、心理状态的能力。那些善解人意的人，都是有同理心的人；那些脾气温和的人，是能够预测到自己发火会伤害对方的人；那些积极向上的人，也是善于自我鼓励的人……现在是否总结出一个规律？所谓好性格都是心智化能力较强的表现。事实上，好性格和内向还是外向都没有关系，外向的人能够通过社交活动来获得好的口碑，内向的人可以通过提升自我来得到他人的认可。

最后再来看一个善于提升自我的牛人。

妮可·凯利是“美国小姐”艾奥瓦州的分区冠军，和其他入选者不同，凯利的左臂只有半截，她在发表获奖时这么说：“我的确身有残缺，我参加选美，就是站出来告诉每个人，也许我们外表不同，说话方式、行为举止也不尽相同，但我们都能做得很棒。”

凯利出生时左臂就只有后半截，但是她得到了父母的关爱，养成了积极乐观的性格，她知道自己身体有残缺，但是她从来都不回避。当身边的小朋友问她为什么只有半截手臂时，凯利总是开玩笑说是被鲨鱼咬掉了。因为坦然接受了自己的缺点，凯利从不在意别人如何看待自己，所以她比很多肢体健全的孩子更加大胆，没有她不敢尝试的事情，而这种性格赢得了身边人的尊重和羡慕。凯利得知选美比赛的消息后，她也打算尝试一下，为此开始了严格的训练：选择发型、规定饮食、练习表情、锻炼走姿……经过三天的比赛，凯利以高亢的嗓音唱出音乐剧《女巫前传》的经典曲目——《反抗引力》，让观众们听到了她的心声："我要反抗引力腾飞，谁也不能阻止我。"虽然凯利一夜成名，但是面对媒体采访时她却表示，自己参赛只是为了证明残疾人和普通人可以一样优秀。

凯利的好性格和哈定的好性格，恰好是一内一外两个典型，凯利并不像哈定那样收获了人脉，但是她通过努力获得了成就，对其他残疾人士甚至健康人士都起到了激励作用，间接地传递了乐观向上、勇于尝试的正能量。

没有哪一种好性格是与生俱来的，它需要被打磨，因为天然的性格就如同自然界的铁矿石，你不能直接用它炖大排，只有经过熔炉锻造，再提纯和冶炼，才能制作成我们想要的形态和功能，这才是它的核心价值。同样，好性格也需要经历日积月累的训练和培养才能最终形成。

人生是一次自我塑造和自我完善的苦旅，塑造好性格是为了克服不良性格，实现性格的转化。好性格的培养需要自觉和自律，要认识到性格中的缺陷，才能预知它对人生的危害。千里之行，始于足下，修炼性格，始于自我剖析。当一个人敢于自黑时，就是修炼好性格的开始。

3. 你假装坚强的样子，根本没人在乎

近几年流行一个名词，叫作“隐形贫困”，是指一些看起来衣着光鲜、消费超前的人其实经济并不宽裕。殊不知，还有一个类似的词，只是很多人没有意识到，那就是“隐形弱者”。

何为“隐形弱者”？就是看起来强大实际上很脆弱的伪强者。

有一部北欧的影片，名叫《火柴厂女工》。主角是性格内向的少女伊利斯，每天在生产线上机械地工作着，没有生活乐趣，父母对她十分冷漠，她也没有朋友。有一天，伊利斯在酒吧里和一个男人邂逅，两人云雨过后，伊利斯怀孕，却被男人无情地抛弃，最后连家里人都不愿意接纳她。后来经历了车祸流产的她，逐渐产生了报复心理。她将毒药下到了与她一夜情的男人的水杯里，也在父母亲的晚饭中下了毒。在影片的结尾，孤苦伶仃的伊利斯在凄冷的街头被警察抓走。

这部电影的残忍之处在于，毁灭了大家喜欢的少女之梦。像伊利斯这样出身普通、姿色寻常的少女符合大多数人的情况，她没有强者天生的心理素质，也没有很幸运地得到朋友或家人的爱护，所以她成了一个假装坚强的人，一切苦难都由她自己承担。然而她的男人始终没有来看她，伊利斯残存的最后的尊严也被严酷的现实粉碎了，她终于像自己养的昙花那样枯萎了。

伊利斯是一个很典型的隐形弱者，她没有强大的生存能力，也没有足够冷酷的内心，所以她在爱恨交加中毒死了她曾经爱过的男人，而这才是伪强者的“专有遭遇”。

假装坚强的人从来不轻易掉眼泪，因为在他们看来，流眼泪是懦弱的表现，所以隐形弱者会想方设法地掩饰自己的脆弱和悲伤。然而事实上，假装坚强在某种程度上是默认了自己能够接受这一切，于是大家都会把一个人坚不坚强当成是否适应社会的标准。

秀霞是一个被很多女人羡慕的“人生赢家”，她有着在外企工作的老公和在名校读书的儿子，大家都觉得她的人生已经修得功德圆满了。有一次，秀霞带着孩子参加了公司的福利旅游，当一帮年轻人兴高采烈爬山时，秀霞也拉着孩子慢腾腾地走着。后来大家注意到，她站在山坡边上不敢往下看，差一点就失足掉下去，幸好有人及时拉住了她。后来大家问秀霞：明明有恐高症，为什么还要带着孩子爬这么高？秀霞说，这次福利旅游机会难得，本来是可以带着老公一起来，但是因为老公临时有任务无法陪他们，而她不想浪费带孩子出来长见识的机会。说完原委，秀霞带着孩子继续向山上爬。看着那仍然有些颤抖的背影，大家都觉得她是一个足够坚定的母亲。

有意思的是，秀霞的老公却因为失去了一次出游机会升职了——他拿下了一个大客户。结果，秀霞的老公越来越忙，节假日陪着妻儿出来的机会越来越少，而秀霞也默认了自己带孩子出来玩的模式。直到有一次，秀霞带孩子去游泳馆，托着孩子练习踩水时突然滑倒了，孩子在水里呛了几口水，秀霞的胳膊碰到水泥台子被擦伤了。她本以为老公能够好好安慰她，结果听到的却是："你怎么带孩子的?"其实秀霞老公不知道，她根本就不会游泳，只是想带着孩子多尝试一种运动。

有人说生活就是十分之一的天意和十分之九的人意。你的生活状态如何，除去一些意外因素，剩下的就是你对生活的态度和别人对你的态度，但是别人对你的态度取决于你自己的态度。

假装坚强是掩饰自己的脆弱、委屈和短板，这不是懦弱，而是面对生活的一种无奈，是强行承担本不用承担的责任和义务。

那些假装坚强的人，往往很难被人理解，因为假装就是一种妥协——或者是向现实，或者是向理想。但无论为了什么，假装坚强会让我们降低对自身的认可度，因为这是在欺骗我们自己。我们总认为自己骗自己危害不大，因为我们知道真相，然而事实却是，当我们不断继续这种欺骗时，我们就会忘记原本的自我了，像秀霞那样，时间一长就忘记了自己的恐高症，忘记了自己不会游泳，但是她并没有真正强大起来，她也是一个需要被疼爱和照顾的小女人。

人生在世，应当用最真实的情绪去碰撞真实的麻烦事，而不是用虚假的情绪去掩饰。我们敢于面对现实，往往是精神驱动下的本能，只有先沉淀内心，让自己接受了一个不强大的自己，才能找到坚强的理由，而不是自我欺骗去充当隐形弱者。无论强者还是弱者都需要一个面对现实的理由，而假装坚强就是跳过了这个步骤，让我们活在被他人伤害和自我伤害的境遇中。

很多人把假装坚强看成是伟大之举，却忽略了任何人都需要学会成长这门必修课。

有些人不敢哭，是因为哭代表软弱；有些人不敢放弃，是因为放弃代表没用。然而这些都是错误的思想，那些看起来过得不错的人，难道真的没有遭遇挫折吗？他们就从来不感到恐惧吗？事实上，每个人都有自己的软肋和黑历史，假装坚强，等于失去了让别人帮助我们的机会和可能。

失恋了，就要承认舍不得这段感情，因为不会所有人都嘲笑你；失败了，就要总结经验教训，因为不是每个人都会看你笑话。生活里遇到自己扛不住的事情，不如找个人帮忙或者倾诉一下，这是人之常情。

假装坚强，是因为我们活得十分疲惫，不想承认自己的真实感受，结果把自己伪装成刀枪不入的猛男悍女，无形中将别人的关心拒之门外，甚至还会遭到某些人的敌意。真实的人生就是酸甜苦辣咸并存，遇到不喜欢的味道，不要强颜欢笑，把不喜欢的放到一边，说你吃不下就好了。

4. 世界偏爱“自愈自乐”的你

成年人都知道，世界不是公平的，有人天生被宠爱，有人天生被遗弃。不过，有一种人无论如何都会被世界独宠，不是因为他们有多优秀或者多善良，而是因为“打不死”。

蜜儿和男友相处五年，可就在蜜儿以为两人能够步入婚姻殿堂时，蜜儿的男友选择了一个比他大八岁有钱有房又有车的离异女人，由此过上了衣食无忧的日子。蜜儿一下子从天堂跌落到地狱，每天除了以泪洗面就是暴饮暴食，有那么一段时间还光荣地变身为祥林嫂的复制品，逢人就哭诉男友的绝情以及自己瞎了眼云云，顺便还痛骂那个可能不知情的离异女人。跟祥林嫂的遭遇一样，蜜儿的朋友一开始对她也抱有同情，帮着她一起痛骂渣男贱女，然而日积月累，大家的骂人词库枯竭时，对蜜儿也从同情变成了无感，又从无感变成了厌恶，最后蜜儿出现在哪儿，朋友们就集体消失在哪儿。大家都说，蜜儿好像是一个行走的负能量包。

很多朋友开始回避蜜儿，她渐渐失去了倾诉的对象，只好把负能量宣泄到工作中，业绩直线下滑，上司找她谈了几次都不管用，因为蜜儿坚定地认为她的人生注定是失败的。每天回到家之后，蜜儿只知道打游戏、叫外卖，连衣服都不洗，原本飘溢着香气的闺房也变成了垃圾中转站。蜜儿的家人看到她这副样子，认为心病还须心药医，就给她介绍对象，可是蜜儿颓废的气质和邋遢的外形把相亲的小伙子们都吓跑了。终于，蜜儿被上司提出了严重警告：如果不能回到当初的状态就撤掉她项目组负责人的职务。蜜儿回到家大哭了一场，哭过之后，她在镜中看到了体态臃肿、蓬头垢面的自己，她终于意识到大家对她已经从同情变成了嫌弃，她没有资格再对任何人哭诉，她现在的所作所为只会让负心的前男友觉得他的选择是正确的。

蜜儿从收拾房间开始，将所有的垃圾扔掉，卸载了外卖APP，久违的炉灶也生起了火，她的面色因为健康的饮食变得红润起来，工作上也有了成绩，上司对她刮目相看，同事也对她敬佩有加。后来，蜜儿拥有了一段新恋情，当朋友们看到她和新欢光彩照人地亮相时，几乎不敢相信自己的眼睛。有朋友感叹蜜儿的变化，谁知蜜儿颇为感慨地说了一句话："知道我为什么曾经被你们嫌弃吗？不是因为我失恋，也不是因为我邋遢，是因为我没有自愈力。"

蜜儿告诉朋友，人生遇到挫折确实很难过，但不要将由此产生的负面情绪变成负能量继续背负，更不要肆意传给别人，要学会和自己友好地相处，要学会进行深度的自我剖析，认真看看自己是否还值得别人同情。对蜜儿来说，男友的背叛刺激了她脆弱的神经，但是也找到了她最柔弱的软肋——她缺乏对意外的应对能力，缺乏在情绪失控下的社交能力，缺乏让自己冷静下来的自制能力。这些缺陷就像处于潜伏期的病毒在她体内爆发了，而来得越早，对她的伤害就越小。蜜儿看到了自己的弱点并积极地修复，才避免自己在颓废的道路上越走越远，由此获得了新生。

按照医学理论，人体本身就拥有自愈系统，它不仅是生理层面的，更是心理层面的，它能够帮助我们修复和梳理所遭受的肉体创伤和心灵创伤。然而，很多人忘记了自己拥有自愈力，遇到一点挫折就无限放大痛苦，把自己想象成世界上最不幸的人，认为别人有义务安慰自己，结果如何呢？除了给“可怜之人必有可恨之处”增加一个鲜活热乎的例子之外，没有任何作用。

事实上，我们的祖先在进化的过程中遭遇的挫折和痛苦，远远超出你所经历的：你的祖先在山洞里缺吃少穿，你经历过吗？你的祖先被豺狼虎豹追赶，你经历过吗？你的祖先因为一次发烧就送了性命，你经历过吗？很多人之所以觉得自己可怜，无非是因为痛苦来得太快，之前又想得太美，于是被戳中了命门而无所适从。

给悲伤中的你补刀的不是伤了你的那个人渣，而是你自己。

人最值得敬畏之处，不是智慧，也不是勇气，而是自愈力，因为自愈力会给你无数条生命，就像同在一个游戏里，有人神操作却只有一条命，你是战五渣却无限复活，笑到最后的只能是你，因为无限复活，你就能无限重启。

自愈力让人类经受了进化的考验，最终成为食物链顶端的王者。一个人笨拙也好，低情商也好，都不会被人嘲笑，但一个无法自愈的巨婴却会真的被人轻视。当然，自愈并非是想开了、看开了，而是要战胜内心的恐惧，让自己知道如果不能快速从阴影中走出来，那么余下的时光将无缘享受生活的乐趣了。

哈佛大学心理学博士丹尼尔·戈尔曼曾经写出了《情感智商》一书，然而他写书的初衷不是探讨深奥的心理学，而是本着对年轻一代的深度关怀。在戈尔曼看来，如今的社会危机四伏，年轻人面对的诱惑和承受的压力超过以往任何一个时代，所以很多人在绝望中选择了犯罪、自杀或者被抑郁症缠上，因此戈尔曼才强调年轻人要培养情商，要学会自我认识和自我激励，而这才是情商给予人最大的力量。毕竟，你的痛苦别人无法感同身受，只有你才有能力治愈自己。

那些放弃生命的人，就是彻底失去了自我治愈力的人，由此成了世界的弃儿。实际上，人类的自我治愈能力是一种天赋，每个人与生俱来都具备这种潜质，只是有些人疼着疼着就忘掉了这个技能，反而依赖于别人的呵护和陪伴。其实，唤醒自愈力并不难，我们只要一把开启它的钥匙：认清自己糟糕的现状以及延续下去的可怕结果，这样你就会用危机感替代颓废感，从自怨自艾变成自立自强。

人类难免敏感，或许一点小事可以刺激我们的神经，但同样，一次醒悟也能让我们重新振作。那些迎着阳光奔跑的人，其实身上都贴着隐形的创可贴，但是他们脸上的微笑遮盖了他们曾经遭受的磨难，才让我们把他们当成偶像。

学会自愈的人，才有资格成为世界的宠儿。

5. 最怕听你说“随便”

相信很多人都会在饭桌上见到这种人：面无表情或者略带微笑，坐在不起眼的位置，当别人问他想点什么菜时，他会十分大度地说：“随便，都可以。”几分钟过后，冒着热气的菜肴上了桌，这位“好好先生/女士”拿着筷子一动不动，有热心群众询问原因，得到的回答竟然是：“我不爱吃。”

所谓的“随便”，并不是真的随便。

这世界上确实有一种人性格好到能让你怀疑他是不是逆来顺受：别人可以替他做出选择，而他也能接受别人的安排。不过，这世界上还存在另一种人，嘴里说着随便心里却十分挑剔，他们的通用潜台词就是“我可以说随便，但是你不能随便”。“随便”从来不代表他们没有需求，只是他们不愿意表达罢了，然后把最棘手的问题抛给了别人。更让人气愤的是，他们内心深处充满着一种强烈的期待：你应该知道我要什么，并能够给我想要的。

就是这种人扰乱了基本的社交秩序，连点菜都变得不那么快乐了。

其实，这种人犯的最大错误在于，不愿意主动表达自己的需求，试图展示出自己无欲无求的状态来获得好人缘，而且还希望别人能够明白他们的想法。如果是碍于面子或者其他客观环境所致，这种行为还不值得批判，可如果形成了一种固定思维模式，这种人还是敬而远之最好。

和他人相处，我们需要明白两个问题：第一，无欲无求并不是什么正面的社交标签；第二，别人没有义务懂你。

中国人确实喜欢委婉地表达自己的需求，这是我们共同的心理文化背景，相信很多人小时候去别人家串门时都会经历相似的场景：明明我们想喝汽水，却被家长教导成“我不渴”；明明我们想多玩一会儿，却被家长拉着离开……久而久之，我们逐渐意识到做人要掩盖自己的欲求，可是，这种思维真的是正确的吗?

对于那种不顾及对方难处的“直抒胸臆”，当然是不礼貌的，因为你可能给对方带来麻烦，比如，你想喝啤酒，主人家里只有饮料，那么人家就要为了你的口舌之快下楼跑一趟，这种要求就不要提出来，或者是提出来以后你二话不说自己去买。但是，还有一些场景中提要求是合理的，比如点菜，因为你不说，没人会知道你想吃什么。

有一个男孩子在课堂上拉了裤子，老师很惊讶，因为男孩已经八九岁了。可是当老师询问原因时，男孩回答说他害怕被老师责骂，这就是典型的合理要求被压抑的例子。而且，这个可怜的孩子其实代表了绝大部分人，因为总有那么一部分人，他们在社交生活中羞于表达自己的需求，尤其是面对陌生人时，他们将“随便”当成了抵挡社交恐惧的代名词，结果往往引发社交事故。

一个不多事不挑剔的人确实容易相处，但前提是他真的不挑剔，真的能委屈自己而服务他人，如果压抑不住最终让自己不开心了，这种负面情绪总会传递给别人，这种不挑剔就变成了矫情，反而让别人觉得你才是那个最多事的人。

良好的社交形象，绝不可能用一个“随便”就能兑换，它只能用你一贯的良好表现作为积分来换取。

随着社会经验的积累，我们对那些喜欢把“随便”挂在嘴上的人也会逐渐生出警惕心。因为我们的经验会告诉自己，越是表现出随和性格的人，真相往往截然相反。借用小品里的一句台词：“都是千年的狐狸，跟我玩什么聊斋啊?”有了如此糟糕的印象分，再用“随便”去包装自己，那可真是对个人形象太随便了。即便有人对“随便”没那么敏感，也会因为这句话而犹豫不决，至少可以确定你是一个挺麻烦的主儿，下次出来玩不会再带你了。

如今，“随便”几乎成了负面的口头禅，但是它最可怕之处并不在于让对方为难或者对你产生看法，而是阻断了你和他人交流的机会。因为当你说出这两个字之后，意味着别人找不到继续和你攀谈的由头了，甚至会让别人觉得你是因为懒得和别人讨论才拿“随便”作挡箭牌的。说得更深一点，你用“随便”两个字换来了对方大量的心理活动，他们会不断揣测你的真实意图。但是请别高估自己，无论别人怎么揣摩你都不会增加你的神秘感，只能拉大你和别人的距离感。

伟明是公司项目组的策划骨干，论专业能力没得挑，可是谁都不愿意和他组队，原因很简单，无论大家向他询问什么他都会说“随便”。有一次公司为了开拓市场，动用全部人力做出了几套营销方案，当大家拿着劳动成果向伟明请教时，他却没有提出任何建设性的意见，只用一个“随便”敷衍了事，弄得几套方案迟迟定不下来，后来老总亲自过问伟明。结果他给这几套方案都挑出了一堆毛病，让老总误以为是组员修改方案不得力。终于，一个刚入职的新人忍不住了，她质问伟明：“既然您觉得方案有问题为什么不明说？”谁知伟明一脸无辜地回答：“这么明显的问题你们看不出来吗？”一石激起千层浪，伟明的言论让项目组彻底炸开了锅，大家纷纷投诉他，不过老总念在伟明资历甚老的分儿上，只是口头批评几句就不了了之。有意思的是，伟明不仅在工作中把“随便”挂在嘴边，在生活上也是如此。一个男同事曾经向伟明询问给女友买礼物的建议，伟明还是用“随便”来对付，结果男同事送礼失败，女友吹了，就可怜巴巴地向伟明讨教原因，伟明又是轻描淡写地说：“我又不是你女友，怎么知道她喜欢什么？”男同事这才如梦初醒——伟明连狗头军师都算不上，简直是“拆对”大师。

像伟明这种人，从来不会重视一个事实：当别人向你咨询时，其实是对你抱有信任和期望的，所以你的回答应当要有明确性，这才是对别人的尊重，而一句“随便”就变成了冷漠的敷衍，不仅可能给别人带来麻烦，更会让信任你的人感到心寒。

抛开社交不谈，从人性的角度看，习惯说“随便”是在压抑自己的个性：明明不喜欢去海边旅行，为什么要答应跟朋友去三亚？明明吃辣的会过敏，为什么稀里糊涂地跟着同事去了川菜馆？到头来，心情愉悦的是别人，备受折磨的是你自己，因为当你说出“随便”的那一刻，你就放弃了作为人的基本选择权和知情权，这还不够悲催的吗？

只要不是毒舌，直言不讳一直是比较理想的沟通方式，毕竟大家都这么忙，谁会有时间去揣摩你的心思，少说一句“随便”，多表达一下真情实感，才能让别人有了解你的机会，才能让社交游戏变得更有互动性。

总是说“随便”的人，到最后人生会真的变得很“随便”了。

6. 你还在越急越忙，越拼越丧吗？

“瞎忙族”是最近几年诞生的新名词，他们每年忙碌，可是一年到头却没做出几件像样的大事。说他们能力差有失公正，说他们能力强却又没发挥出来，究其原因，是他们将有限的精力用在了没有意义的小事上，说轻了是在浪费资源和时间，说重了就是在虚度光阴。

一座寺庙里，一个小和尚十分勤勉，无论是化缘还是打扫院子都是任劳任怨，终于有一天，他黑着眼圈来到师父面前说：“师父，我每天从早忙到晚，却没什么成就感，这是为什么呢？”师父让小和尚把他化缘用的钵拿过来，小和尚照办，师父又让他将几个核桃放进钵里，这时师父问他：“你还能把更多的核桃装进去吗？”小和尚说：“再装核桃就要滚出钵了。”于是师父让小和尚再拿过一些大米，小和尚将大米顺着核桃间的缝隙装进去，小和尚恍然大悟："原来钵并没有装满。"随后，师父让小和尚再拿一些水过来，小和尚往钵里倒了半碗水，师父说："这回装满了吗？"小和尚不知道该怎么回答，师父让他拿过来一勺盐放进了钵里。小和尚若有所思地说："师父我明白了，时间是可以挤出来的。"师父摇摇头，将钵里的东西全部倒进一个空盆，然后先将钵里放了一勺盐，又倒进半碗水，又装满了大米，这时师父问小和尚："现在钵里还能放进去核桃吗？"小和尚摇摇头。师父说："人生就像这个钵，当你装满了大米、盐粒这些无关紧要的东西之后，就再也装不进去核桃了。"

一个人要想做出点成绩，不忙起来是不可能的，但是忙也要有忙的逻辑，而真忙和瞎忙的最大区别在于，是否能看透事情的本质并根据轻重缓急排列次序。那么问题来了，到底怎样才算是合理安排手头的工作呢？不妨试用一下"二八法则"。

这里所说的"二八法则"是指我们每天忙的事情的总量中，重要的事情顶多占20%，其他次重要的或者不重要的占80%，只有合理分配对这些事情的投入精力才能决定我们忙碌的价值。

懂得忙碌的人，会准确识别20%的事情，然后拼尽全力做好，除此之外他们还会有相当多的空闲时间去处理无关紧要的琐事。那些瞎忙族恰好相反，他们将主要精力用在琐事上，结果一刻不得清闲，根本无暇去忙更重要的事情。更糟糕的是，瞎忙族从不懂得借力，不会把琐碎的小事交给别人去做，结果事必躬亲，浪费了时间和精力不说，还把自己搞得身心疲惫。

然而，最可怕的不只如此。

因为人类的行为很容易固化，所以当瞎忙族陷入错误的忙碌状态后，会逐渐适应这种工作方式，甚至觉得是忙得不够多才没有获得更大的成就，结果形成了恶性循环，别人想拉他出来都不知道从哪儿伸手。

曾经在网络上流传一个小段子，说比尔·盖茨在外面看到100块钱，但他没有去捡，因为弯腰去捡的时间只能获得100块钱，要小于这段时间里他所创造的价值。虽然这个例子有些夸大的成分，却很清晰地解释了真忙和瞎忙的区别。

不客气地说，瞎忙族不喜欢思考，他们缺乏理性思维，只是凭借一股冲劲去做眼前的工作，他们单纯地认为，辛苦的付出必定会收到同等的回报，而这种错误思维导致他们距离成功越来越远。实际上，懂得筹划人生的人，正如一个象棋高手，在挪动第一个子的时候就考虑到后面十几步的走法，所以才能运筹帷幄，锁定胜局。

有时候，瞎忙族也会反思自己的工作成果，但前提是他们的精力和体力已经被消耗殆尽。尤其是意志力接近崩溃的边缘时，他们才会搞一次复盘大会，反思自己的工作方法。除此之外，他们更喜欢争分夺秒、不加选择地瞎忙，结果成绩没做出多少，还忽视了自我提升。就好像一辆跑错了道的老爷车，不仅方向不对，还忘了年检，导致瞎忙族的眼界变得越来越窄。就算有一天他们灵光乍现，将手头的工作区分出了二八占比，也不知道如何处理它们的关系，还是周而复始地做着无用功。

据新闻报道，某地有一批高速公路收费站的员工被解聘，当记者采访她们时，发现她们竟然集体痛哭，记者询问原因时，她们的回答让人心酸又心急：她们除了收费之外再也不会其他的技能了，所以她们才感觉自己被社会抛弃了。

这既是一个悲伤的故事，也是一个发人深省的寓言。回放这些收费站员工的工作状态，想必她们每天也是从早忙到晚，可日复一日的工作让她们掌握了更高层次的技能吗？没有。她们是否反思过自己可能被别人轻易替代？没有。如果她们及早地认清了这些问题，要么她们先行一步炒了收费站，要么收费站炒她们时能够华丽地转身离去。

瞎忙族的可悲之处在于，不是他们浪费了时间和精力，而是他们失去了认识自己的机会，一旦在他们的生活里加了大把盐粒，他们就会变得惶惶不可终日。

从心理学的角度看，瞎忙族之所以沉溺在忙碌的状态中难以自拔，不单是认知外物出现了问题，更是认知自我发生了误判：他们认为自己只有处于看似努力的状态中，才能弥补自己对人生不够圆满的缺憾心理，用低效率的忙碌进行自我麻痹，减轻不能获得成就的负罪感。如果这种感觉不能消除，他们就不愿意从这个怪圈中跳出来，因为看得越透彻越会加剧他们对现实的困惑，倒不如一味地陷入忙碌中更能心安理得。

人最可怕的是自认为自己很努力了。

如果有人迷上了瞎忙的状态，比他明知真相却仍不努力更可怕，因为在这种自我安慰的作用下，一旦遭遇失败，他只会将原因推给客观问题，因为他已经“很努力很忙碌了”，他们失去的不仅仅是成功，更是重新剖析自我的机会。

忙碌的意义从来都不在于它本身，而是它锁定的终极目标。一个人应当给自己选定一个清晰的、能够量化的工作计划，在这个大计划之下还有若干个阶段性的小计划，这才能促使他合理分配时间和精力，避免走弯路。

瞎忙族们，请放下手头的工作，好好思考一下未来的人生。

第二章

情绪管控，决定了你的人生格局

1. 高情商的人都有好脾气？

在一次聚会上，三五好友围着一个公认的老好人劝酒，老好人推让着不肯喝，结果大家就跟着起哄，说什么多年不见不喝酒就是不给面子。当所有人以为老好人会喝下这杯酒时，他突然站起来将杯子扣在桌上，然后看着大家说："我真是想和你们喝个痛快，但是我的身体不允许，后半辈子你们还会跟我聚会，但每天陪着我的是它（指着自己身体）。所以为了它，我今天只能得罪各位了。抱歉！"这番话说得多少带些情绪，但是劝酒的好友们也知道了老好人的身体状态，也了解了他此时此刻的想法，自然就不好再强行劝酒了。

试想一下，如果这位老好人真的被道德绑架喝了酒，朋友们会领情吗？不会，因为他们觉得这杯酒本来就该喝，而且没人会关心他的健康，老好人只能自己买单。

或许有人会说，这算什么老好人，这明明就是情商低。

人们往往认为，高情商的人都是好脾气，他们从不发火，所以人际关系非常和谐。其实，这是一个很严重的误解，准确地说，是对“情商”这个概念认识不足。

如今很多人口中提到的情商，只是中国式的情商，比如，圆滑世故、八面玲珑……其实这些仅仅是情商众多构成元素中的一部分，按照《情商》的作者戈尔曼博士的划分，情商分为五个组成部分：情绪识别、情绪管理、社会交往、自我觉知以及自我激励。在国内，人们通常理解的高情商主要是集中在社会交往和情绪管理上，在识别情绪上也只是强调察言观色而非深入了解他人，至于自我觉知和自我激励常常被人忽视了。

高情商的人一定是善解人意的，但这不是以委屈自己为代价的；高情商的人不会盲目压抑自己的情绪，而是会合理宣泄自己的情绪，这才能让正面情绪和负面情绪维持在动态的平衡中。

富兰克林说：“任何人生气都是有理由的，但很少有令人信服的理由。”所以人们普遍认为，发脾气的负面作用更大，这个观点没错，但凡事没有绝对，一个从不发脾气的人未必会真的收获好人缘，有时候得到的仅仅是“这个人比较好说话”“这个人脾气好不怕得罪他”之类的评价，而这个负面影响才是最糟糕的。

发脾气不能真正解决问题，但有时可以表明你的态度，重构人际关系的格局，这往往是我们最需要的。

高情商者不会为了讨好别人而放低自己，因为他们拥有较强的情绪管理能力，可以承受来自他人的任何形式的信息反馈，所以当他们发现自己处于不利地位时，也会明白无误地告诉对方自己做不到，会合理地表达自己厌恶或者不满的情绪，因为他们知道，如果一味忍让，只会让对方更加误解自己的情绪状态，让事情变得更复杂。

事实上，高情商并不意味着让所有人都觉得舒服。

兔子是大家眼中的乖乖女，所以才得了这样一个绰号，因为她对任何人都是温柔顺从的，没有人见过她发火是什么样子。不管朋友们分化成多少个小圈子，对她却是百分百地接纳，所以大家都说她是一个“高情商”的人。然而有一天，兔子突然失踪了，一连三天都找不到她，家人和朋友都发动起来，大家以为这样一个人畜无害的小姑娘遭遇了不测。最后，一个陌生男人给兔子妈妈打来了电话，开始还以为对方是绑匪，后来才知道男人是心理医生。兔子家人顾不上问明原因，急忙赶到一个心理诊所将兔子接了回来，问了好半天兔子才说出原委。

原来，兔子犯病的症结就在于她的“高情商”。她说自己活得太累了，跟朋友在一起，说话总是三缄其口，生怕得罪了任何人；去亲戚家串门，不管谁家的小孩子不懂礼貌，她都报之一笑，哪怕是有个熊孩子把她的手机扔进了澡盆里；出席各种社交场合更是如此，兔子要照顾父母朋友的面子，要安静地陪着唠唠叨叨的大妈聊一个晚上的老年大学奇闻……即便是面对陌生人，兔子也从不说让对方难堪的话，把所有的情绪都藏起来。

然而兔子终于熬不住了，她承认自己所做的一切并非出自本意，她很想指出朋友身上的缺点，她很想痛骂那个毁了她手机里重要资料的熊孩子，她对大妈口中的老年大学也不感兴趣，她甚至不想和陌生人说话……但是，父母从小教育她不要得罪人，要善于隐藏自己的真实情感，结果她活得越来越累，虽然每个人都不排斥自己，但是兔子觉得自己没有真正的朋友，因为她从未对人袒露过心迹。于是，兔子在这种长年累月的非正常社交中渐渐抑郁并最终爆发：她在心理诊所待了三天三夜，就是想让医生治好她的心病，否则她无法继续按照之前的模式去工作和生活了。

事实上，兔子并不是一个高情商者，她更像是九型人格中的助人型人格，喜欢帮助别人，愿意牺牲自己，而这和她的情绪管理能力没有直接联系。

发脾气真的有那么可怕吗？发一次脾气就等于在社交圈子里被判了死刑？

有时候，当你用并不讨好对方的方式与之交流时，人们会更清晰地看懂一个人，也就不会去难为对方；反之，像兔子那种对谁都客客气气，实际上并不会有太多的朋友，因为大家认为她对谁都是那么好，属于“无差别和谐社交”。

在这个世界上，你无法让所有人都满意，因为只有死亡的人才不影响任何活人，至于其他的行为都会让一些人不满意，这是无可更改的事实。如果你想强行去维系这种假象，其结果就是你用压抑自我去交换。

低情商的人，宁愿让别人委屈也不会委屈自己，而高情商的人，不会为了满足别人而委屈自己。温柔而坚定，随和但不随意，勇敢且不鲁莽，这才是人们追求的健康的人际关系，而不是无原则的妥协、无差别的对待和无底线的容忍。不懂得爱护自己情绪的人，总有一天会陷入处处被动的境地，因为你放弃了作为人的最基本权利——生气。

2. 你为什么总焦虑？

前段时间，一篇名为《摩拜创始人套现15亿背后：你的同龄人，正在抛弃你》的文章刷爆了朋友圈，文章讲述了摩拜的创始人胡玮炜套现15亿元的爆炸新闻——一个80后女性一夜成为亿万富翁。很快，这篇文章被著名作家韩寒痛批：不仅贩卖了焦虑，更是在制造恐慌。

的确，不知道从什么时候开始，营销号喜欢贩卖焦虑，让本已经被房贷车贷校园贷压垮的人们，再一次感受到了生活的艰辛和梦想的遥远。

有人喜欢灌输鸡汤，就有人喜欢贩卖焦虑，因为焦虑和冲动一样，都能引发非理性的行为，比如，疯狂地健身减肥、添购化妆品，以及参加培训班等，有多大意义不得而知，贡献GDP倒是真的。

美国有一个男孩准备服兵役，但是他一想到进入一个陌生的环境中就寝食难安，以至于每天都想着这件事，最后陷入焦虑中。父母不知道该如何安慰他，就让他去问祖父。男孩对祖父说他害怕服兵役。祖父告诉他，在美国服兵役也无非两种情况，一种在国内，一种在国外，有一半的可能是分在国内，而在国内服役和度假没差别的。男孩又说，这样他就有一半的概率被分在国外。祖父说，即便安排到国外也只有两种可能，一种是分到和平状态的国家，另一种是分到战乱的国家。男孩一听更坐不住了，他说如果自己被分到战乱的国家该怎么办。祖父说，战乱的国家也分两种情况，一种是做内勤，还有一种是做外勤，做内勤就会很安全。男孩又问，如果他被分到外勤怎么办。祖父说，外勤也有两种情况，一种是执行任务负伤，另一种是战友负伤。男孩一听害怕了，他问祖父如果自己受重伤该怎么办。祖父说，如果受重伤，无非活下来或者死去。男孩的心提到了嗓子眼，他问祖父如果死了该怎么办。祖父语重心长地说，如果死了就不会有任何感觉了。男孩想了很久，终于放宽了心，高高兴兴地去服兵役了。

其实，生活中的很多焦虑只是看起来让我们焦虑而已，当我们用理性去分析它的时候，焦虑往往不堪一击，很多人正是因为害怕看到最可怕的结果而惶惶不可终日，其实结果并没有我们想象的那么糟糕。

撒哈拉沙漠里有一种沙鼠，每到旱季时它们会囤积大量的草根用来度过食物短缺的时期，所以在整个旱季沙鼠们会非常忙碌，它们不断地从洞口进进出出。奇怪的是，当它们囤积了足够多的草根之后，还是会继续寻找草根，这样才能让自己放心，否则就会一直焦虑地叫着。经过科学家研究发现，这是由沙鼠的基因决定的，实际上它们不需要这么多的草根，因为一只沙鼠在旱季顶多吃掉两公斤的草根，然而它们却要储备十几公斤的草根，而多余的草根只能腐烂掉，沙鼠还要将它们清除出洞穴。后来，医学界人士想要用沙鼠代替小白鼠做试验，却发现根本无法使用，因为沙鼠被关进笼子之后会变得极度不适应，它们必须不断寻找草根才能安稳下来，即便笼子里有足够的食物，沙鼠还是处于焦虑的状态中直至死去。科学家认为，这是由于沙鼠没有囤积到草根，导致它们认为威胁始终存在，所以死于焦虑。

沙鼠的悲剧在于，它们过分放大了焦虑，囤积粮食是正确的生存行为，然而不计实际需求的囤积就变成了囤积症，将未知的明天当成是潜在的威胁，这只能让它们被焦虑折磨终生。

事实证明，焦虑也是人类短命的主要因素。

正因为焦虑的负面性，我们才强调“活在当下”，这并非是目光短浅，而是让我们重视当下，拿出更多的时间去体验幸福和安稳的生活方式，而不是像沙鼠那样生于焦虑、死于焦虑。

可惜的是，很多人并不懂得“活在当下”的真正含义。有些人去看演唱会，只顾拿着手机拍摄，而没有直接用眼睛去欣赏偶像在台上的潇洒瞬间，为的是发一条炫耀的朋友圈，结果白白浪费了现场观赏的机会，只能从录好的视频中回味，这不就是和“活在当下”背道而驰的例子吗？为何如此？是因为担心自己没有存在感，担心不能及时分享自己的生活点滴而被人遗忘，这就是焦虑惹的祸。

在心理学上，抑郁和焦虑是两个不同的概念，抑郁是我们遭遇了难题无法解决，而焦虑是糟糕的事情还没有发生而产生的恐惧心理，简单说就是对还未发生的不确定的事情产生了恐惧，所以焦虑既有恐惧的成分，也是忧患意识的加强，是一种复合情绪。

从进化的角度看，焦虑具有正面意义，因为它会让我们对未发生的事情做出预案，帮助我们在灾祸发生时不至于手忙脚乱。但是如果焦虑被无限放大，我们就会长期生活在恐惧之中，不断地给自己施加压力。就像那个美国男孩，对并不能威胁到自己的事情过分担忧，让自己的情绪处于负面的状态中无法自拔。

国外曾经做过一项实验，找来一些志愿者，分成两组，每个组里都安插了一个演员，然后分在两个房间给他们注射肾上腺素，注射完毕后，第一个房间的演员说：这是什么东西啊，让我这么兴奋，让我全身充满了力量，感觉好有精神！第二个房间的演员说：这是什么鬼东西，让我脸红心跳手出汗，好难受。结果，在两个演员的带动下，两组人群的反应完全不同：第一个房间的人都觉得自己精力十足，第二个房间的人都觉得自己烦躁不安。

这个实验说明了一个问题：焦虑是可以人为产生的，自然也可以通过心理暗示来人为消除，所以焦虑本身没有错，错的是人们对焦虑的无端恐惧。

其实，克服焦虑并没有那么难，首先我们要知道焦虑代表的只是一种情绪，当我们感到它的存在时，不妨用自我剖析的办法去体会焦虑，把自己想象成一只忙碌的沙鼠，认真思考一下我们到底是否需要那么多草根，这样就能缓解焦虑对我们的侵害。然后，我们要对焦虑的内容逐个击破，比如代入沙鼠的角色分析具体问题：第一，旱季是否漫长到我们需要无限多的食物？第二，外面的草根会在我们毫无察觉的情况下全部消失吗？第三，当这些草根腐烂之后，我们搬运它的工作量是不是等同于寻找草根？借助这样的思维方式，我们就能将焦虑逐个击破。最后也是最重要的一点，我们必须接受一个事实：人类产生焦虑是本能行为，我们不要急于想着和它对抗或者彻底消灭它，而是用正确的态度去面对它，将焦虑控制在一个可以承受的范围内。

漫漫人生路，我们的很多担心都是没有必要的，因为我们的预测太过主观，往往忽略了变量在其中起到的作用，为了让我们更多地体验生命中的美好，不如偶尔健忘一点，当我们产生焦虑的冲动时不妨先思考两个问题：我们为什么要害怕？即便情况变得最糟又能如何？或许这样，你的焦虑就能烟消云散了。

3. 哪有那么多可是，你只是在逃避机遇

这是一个不缺乏梦想的时代，上到杀入国际市场的企业家，下到沿街摆摊的小商小贩，他们都在自己的能力范围内造梦、圆梦。当然不是每个人都能实现梦想，不过有的人将失败归结于自己，有的人却将失败推给他人。其实，人在失败后不要急着去划分责任，应当先扪心自问一下，自己为理想付出了多少，是否给自己找了借口。

在一个神水池子附近，躺着一个麻风病人，他懒得走动，整天幻想着有人将他拉到水池边上，结果一等就是40年。麻风病人的奇怪举动引起了天神的注意，有一天，天神来到他面前，问他要不要治好自己的病。麻风病人说，他想治好自己，但是人心险恶，没有人愿意帮他。天神又问了一遍要不要治好他自己，麻风病人说，如果他自己爬到水池旁边水可能会干涸了。天神有些怒不可遏，又问

他要不要治好自己，麻风病人还是说要，却不说出解决办法。终于，天神震怒，让麻风病人自己走到水池旁边，不要找任何借口。麻风病人只好自己走到水池旁边，喝了几口泉水，麻风病顿时就好了。

一个喜欢给自己找借口的人，其实是没有责任感的人。责任是什么？本质上代表着荣誉、信念以及对生活的终极态度，一个遇事正面面对、不找借口的人，就是对自己和他人负责。

有些“失败专业户”经过实践发现，为了成功付出的努力，远远大于寻找一个借口所付出的心力。一个包装完美的精致借口会博得一些不明真相者的同情，还能慰藉自己的良心，虽然失败了却能将责任推给他人、社会甚至整个时代，当有人提起他们的事迹时也会说：“这个人能力很强，就是运气不太好。”一来二去，专业户们品尝到了找借口的甜头，自然就不愿意在下一次尝试中全力以赴。

成功决定于细节，而细节源自责任感，这些才是成功必备的要素。一个喜欢找借口的人，是一个缺乏自我认可的人，也是一个失去别人对自己信任的人。

莎士比亚说过：为失策找理由，反而使失策更明显。对于一个人来说，最可怕的不是失败，而是为失败找借口，因为找习惯了，就会给下一次失败预留开脱的理由。而且，找借口是天底下最没有技术含量的事，与其让别人理解自己的失败，不如让自己认清失败的根源。

在英国亨利八世统治时代的留言条上，常常写着这样一句话：

“快！快！快！为了生命加快步伐！”这句话的旁边会配一幅图画：一个没有按时送信的邮差在绞刑架上垂死挣扎。这不是骇人听闻的黑色幽默，而是真实的历史。在亨利八世时代，英国没有专门的邮政系统，所有的信件都是政府派出的邮差发出的，一旦耽误时间就会被处以绞刑。这个规矩确实有些残酷，但是也证明了英国人对找借口的深恶痛绝，因为如果不能严厉地处罚邮差，那么任何人都可以轻易找出送信延迟的借口。

当一个人习惯找借口时，就会长期活在浮躁的状态中，而浮躁能够摧毁一个人，让本来就不够坚定的信念更加动摇，久而久之形成一种惯性思维：“别着急，还有时间。”结果到了最后关头才发现，时间远没有想象的那么多，因为时间早就在自己的逃避中悄然流逝了。当一个人愿意做出尝试和努力时，即便失败了也是一种享受，因为没有浪费时间和机遇。

人宁可为做过的事后悔，也不要为没做的事而遗憾。

美国人对喜欢找借口的人天然厌恶，他们用“狗吃了你的作业”来嘲讽这种人，因为在他们看来，借口是培养拖延症的温床，严重的拖延症患者都是借口制造专家，他们在职场上不会成为合格的员工，在感情上不会成为忠诚的伴侣，在社会上也不会成为受尊重的人。

美国西点军校建校200多年以来，一直恪守一条准则：“没有任何借口。”这是西点军校传给每个新生的第一理念，它让每一位学员都强化完成一项工作的信念，而非寻找借口，哪怕这个借口是无懈可击的。在西点军校，当学生被长官问话时，只有四种回答方式：第一种是“报告长官，是!”第二种是“报告长官，不是!”第三种是“报告长官，不知道!”第四种是“报告长官，没有任何借口!”除了这四种回答，学员不允许再多说一个字，因为长官要的是结果而不是借口。由于每个西点军校的学生都接受了这种训练并坚持这个理念，所以在毕业之后都在各个领域获得了成就，因为他们会在多次失败中总结经验，正如人们常说的那句话：“成功的人永远在寻找方法，失败的人永远在寻找借口。”

从表面上看，“没有任何借口”有些绝对和不公平，然而人生本来就不是公平的，只要活着就可能遭遇意外，我们唯一能做的就是对自己的行为负责。与其把有限的时间用来寻找借口，不如去弥补自己犯下的错误或者提升自我，增强对抗不公平和意外的能力，为自己争取更多的机遇。

是否愿意找借口，能够体现一个人对工作、人生乃至世界的根本态度。

《把信送给加西亚》之所以成为无数商界大佬推荐给员工的必读书目，是因为很多人缺失这种坚定地完成任务的责任感。找借口是一种思想病，一旦沾染这种病症就变成了真正的懦弱者，因为他们低估了自己的能力，更浇灭了求胜的斗志和欲念。相信借口不如相信因果定律，那些“红运当头”的人，其实都是不善于找借口的人，而那些“命运的弃儿”，其实都是被他们的不求上进抛弃了。

当一个人习惯为失败找借口时，才是真的失败了。

4. 孤独是种大自在

张楚有一首歌叫《孤独的人是可耻的》，这不是对孤独者的歧视，而是唱出了孤独的无奈和心酸。的确，孤独容易被人视作异类，是人们普遍抗拒的一种心理状态。

丛林中有一只松鼠，不小心从树上掉下来，结果掉到了树下的一只老虎身上。没等小松鼠逃走，老虎一把抓住了松鼠。面对着体形比自己大出上百倍的丛林之王，小松鼠绝望地闭上了眼睛，心想这回是彻底完蛋了。老虎没有马上吃掉松鼠，而是对它说："小松鼠，今天无论如何也不能放你走了。"小松鼠一听，更是害怕地发起抖来，然而老虎又说了一句："小松鼠，你别害怕，我只想让你陪陪我。"小松鼠糊涂了，它大着胆子问为什么，老虎说："我实在太孤独了，我们老虎在一起，除了争权夺势就是互相猜疑，根本没有友谊。"

很多时候，孤独比饥饿要更可怕，因为饥饿总会找到解决的办法，但是想要消除孤独却十分困难。如今这个时代，各种社交软件横空出世，填补着人们内心的孤独，很多人都担心被别人抛弃，甚至不惜以牺牲个人的感受为代价参加各种聚会，还会“与时俱进”地追赶时尚潮流，目的就是为了和大家有共同话题。

孤独是全人类都会面对的精神病灶，但是它真的有那么可怕吗？

俞敏洪曾经说过一句话：一个人在年轻的时候，内心世界还不那么丰富，自信需要靠外界支撑，他会害怕孤独。如果没有朋友或者是别的人群不接受他，内心会特别难受。不难发现，我们对孤独的恐慌，源于对自身实力的不确定性，所以孤独就成了危机的信号。

念书时有一个学长，每天晚上都去上自习，当大家都躺下之后他才披星戴月地回来。这个习惯他坚持了整整四年，直到他考上研究生。后来，大家每天晚上能看到学长独自一人在宿舍和图书馆的路上徘徊，室友们也逐渐习惯了他的独来独往。当然，也有人为他的孤独而心酸，不过在他拿了国家奖学金之后，大家又羡慕他的优秀。后来，这位学长去了英国，给同宿舍的兄弟们发了一张伦敦的夜景，那璀璨的灯光晃得大家都想入非非，这时有一个室友跟大家私聊了一句：“他还是那么孤独吧。”

与其说孤独让人恐慌，不如说孤独给人一个挑战自我的机会，因为没有孤独，你就没有更多自处的时间，也就丧失了了解自己的机会。从这个意义上讲，孤独不是一种悲哀，而是高质量的独处，长期沉迷孤独的人，要么优秀得让人眼红，要么变态得让人颤抖。

当然，一些优秀的人能够匹配同样优秀的灵魂伴侣，比如管仲和鲍叔牙，比如俞伯牙和钟子期……然而这种案例终究是凤毛麟角，对于大多数人来说，我们终其一生都可能遇不到一个优秀的灵魂伴侣。既然优秀的伴侣可望不可求，那么不被人理解就成了常态，这就需要我们接受现实。

事实上，孤独只是一个中性状态，随着时间的推移，人的内心世界会变得越来越丰富，我们的精神生活也会变得越来越充足，所以外在的孤独就变得不那么可怕了，孤独其实会变为一个人成长的必经阶段，特别是对于想要变得优秀的人来说，孤独是一个自我改造的过程。

不同的人面对孤独会有不同的应对模式，有的人习惯说服自己，有的人喜欢麻痹自己。虽然有很多人将“我想静静”挂在嘴边，然而真正能忍受长久孤独的人并不多。因为人类本身是群体动物，离开了群体难以存活。但是，这并不意味着人类应当排斥孤独，因为人和动物相比更加复杂，那些喜欢独处的人并不会感受到真正的孤独。从心理学的角度看，孤独是一种主观的心理体验，是一种让人感觉到不快乐的负面情绪，这是对孤独本质的一种揭示，但并非是客观的描述。因为，适当的孤独对人来说是有益处的。

凡·高是孤独的，也是痛苦的，但是他的孤独让他创造了一千多幅充满想象的画作，因为孤独能够让他有更多的时间去感受世界，从而迸发出更多的灵感。正因为如此，优秀的人始终是少数的，因为多数人总是试图从孤独的状态中逃离出来。

孤独并非是自我封闭，而是人们主动选择的一种生活方式，远离喧嚣的人群，让内心获得真正的平静，往往越是优秀的人越有这种强烈的需求。很多时候，在一个固定的群体中，真正的强者只有一个，所以难免会被人排挤，而孤独就是为了消耗这些负能量，让自己体验大自在的快慰。

如今很多社交都是无用的，一群人看似开心地聚在一起打发寂寞的时光，然而这只是精神上的麻木，是一种集体的自我麻醉，反倒是孤独才能让人感觉到更加自由。只有在孤独时，你才能感觉到真正的自我，因为独处的你才能获得自由的精神，甩掉一切负担。

有一个人孤独一生，没有妻子，也没有子女，他的父亲因为发疯跳水自杀，早早丢下了他，而他在二十多岁的时候又和母亲决裂，“母亲”成了他一生最痛恨的词。从此，他过上了忧郁和愤世嫉俗的生活，他排斥和同性社交，更反感和女人谈恋爱，因为他曾经爱上一个17岁的姑娘，还傻乎乎地送给她一串白葡萄，结果姑娘因为他触摸过这串葡萄表示了极度的嫌弃，导致他对爱情彻底失望，认为爱情本身就是骗人的。当人们在情人节送女人鲜花时，他十分煞风景地说那是植物的生殖器，斥责“无知的女人还在闻着它们”。后来，他在孤独中死于肺炎，他全部的财产都捐献给了慈善事业。当然，他留给这个世界的不仅仅是一笔财富，还有《作为意志和表象的世界》《论意志的自由》以及《论道德的基础》等哲学著作。

这个孤独者名叫亚瑟·叔本华，著名的哲学大师，他曾经说过一句话：人，要么孤独，要么庸俗。

孤独或许会让人感到寂寞或者无聊，但是也能给予一个人专注做事的机会，能够和孤独交朋友的人，通常都是内心强大的人。诗人蒋勋曾说："孤独没有什么不好。使孤独变得不好，是因为你害怕孤独。"当一个人的内心世界被孤独包裹的时候，就是他的潜能被激发的时候，孤独让你免去了乱七八糟的无效社交，让你减少了和垃圾人浪费生命的接触，把原本属于你的生命还给你。所以，与其惧怕孤独，不如迎接和善待孤独。

很多时候，我们对孤独存在误解，认为那些朋友很多的人不会孤独，其实他们是外向孤独。表面上看他们能和很多人打成一片，但是他们内心依旧敏感而脆弱，即使活跃在人群中同样不能摆脱孤独。其实他们大可不必沉浸于这种悲伤中，如果他们能够正确看待孤独，将孤独当成是和自己相处的快乐时光，那么他们在社交生活中会更加善解人意。

孤独是一种选择，孤独也是一种定数，每个人都会在生命的某个阶段与孤独相伴：年幼时没有人陪着去游乐场玩是一种孤独，年少时身边没有情投意合的伴侣也会感到孤独，结婚后不被伴侣理解同样是孤独，工作后要应对职场上的钩心斗角也是孤独，年老时子女不在身边更是孤独……孤独如影随形地伴随人的一生，这是一个终极命题，需要用一生的修炼去破解，这样才能让我们获得成长。

很多人不懂得享受孤独，是因为他们自认能够将孤独绝对隔离，却忽略了一个事实：只有沉浸在孤独中，才能对自己、对万物有深刻的认识，因为喧嚷会干扰一个人的判断，也会分散一个人的注意力，当一个人学会了利用孤独时，才有机会获得认知上的提升。

其实，没有人会真正孤独，至少孤独会陪伴着你。

5. 你的愤怒，正在消耗你的前途

出来混，总是要生气的。

不管是上班一族，还是创业一族，只要为事业奔波，就没有不受挫的，有的人是被上司穿小鞋，有的人是被同行告黑状，也有的人是被客户摆了一道……哪一种情况都免不了动怒。当怒气聚集到一定程度时必然会爆发，而我们的事业很可能为此毁于一旦。有时候我们也明白需要退让一步，希望对方适可而止，然而发现这些诉求得不到满足之后，我们的愤怒就会升级，最终一发不可收拾。

有兄弟俩开了一家修车行，因为生意一直不温不火，所以他们也没有太高的收入，仅仅维持着养活自己的水平。不过，哥哥却是一个乐天派，每天除了干活之外还会扫地擦玻璃，甚至还帮别人做点力所能及的事，充当免费义工，弟弟却每天捧着手机玩游戏。一天，车行里来了一位中年男人，正赶上兄弟俩在吃饭，这男人很不客气地让兄弟俩过去帮他修车，弟弟一听就火了：“没看见人家在吃饭吗？就是服务行业也得让人家休息啊。”中年男人转身就走，结果哥哥放下筷子跟了过去，帮助男人从里到外检查了一下车子，最后发现汽车没什么大毛病，就是很长时间没保养了。弟弟听到这个结果又是火冒三丈：“车子没问题还让我们修？当我们是免费售后啊？”谁知哥哥让弟弟住了嘴，又对那男人说：“您就把车交给我吧，我今天就把这些小毛病都处理一下。”

中年男人离开后，哥哥很快检修好了汽车，闲着没事又把汽车里里外外擦了一遍，弟弟更是看不下去了：“检也检完了，修也修完了，还给他免费擦车？”哥哥说：“反正我也没什么事做，把车擦亮一点车主肯定很高兴。”第二天，男人过来取车，看到焕然一新的汽车十分惊讶，连声感谢，最后对哥哥说：“我是一个集团的董事长，你这种平和的心态和勤快的作风正是我们需要的，你愿意到我们那里上班吗？”由此，哥哥的命运发生了转变，他经过努力成为该集团的业务经理，而弟弟还是在修车行里半死不活地工作着。

愤怒是我们的意愿不能实现或者行动受挫时引发的紧张和不快的情绪，人人都有过愤怒的体验，而且不会就此终结。更何况，我们不仅会在现实中遇到不和谐的人与事，还会在网络上受到素不相识的人的攻击，更糟糕的是，我们内心体验也会因为过度敏感而变得负面化……如果愤怒和我们奋斗的事业有关，那注定会影响到我们的前途。

职场如战场，商场也如战场，虽然没有看得见的硝烟战火，但

“敌人”无处不在，想要保持良好的情绪难上加难。而一旦我们动怒，工作效率就降低了，人际关系也恶化了，职业前途自然渺茫了，我们会从专心致志的状态变得四分五裂，无法沉下心去工作。所以，你的前途和你的情绪管理有直接联系，能压抑愤怒的人，就能为事业发展拓宽上升通道。

既然愤怒如此有害，那么我们该怎样管理愤怒呢?

愤怒来自外在的刺激和自我认知的矛盾，比如，你身边的同事总是大声打电话，这是一种刺激。面对这种刺激你可以愤怒，也可以处乱不惊，也可以心平气和地劝同事小点声……这一切都取决于自我认知，也就是说外在刺激是无法避免的，但是自我认知却可以控制。从这个角度看，扰乱我们情绪的不是愤怒本身，而是我们的情绪管理能力。

美国经营心理学家欧廉·尤里斯有一个能让人平静的三项法则：“首先降低声音，继而放慢语速，最后挺直腰背。”降低声音和放慢语速能够缓解情绪，挺直腰背能化解紧张的气氛，因为人在生气的时候容易头向前倾，也就更容易靠近别人，产生紧张感。

当然，情绪管理不是让我们无条件、无限度地压抑愤怒，而是认识愤怒。当别人对你做出了不公正的评价之后，你可以有两种选择：第一，压抑愤怒，不和对方做任何争辩，让自己五脏六腑都受内伤；第二，先让自己的情绪平静下来，然后找个合适的机会跟对方解释一下。哪种方法对自己有利，一目了然。

愤怒是最常见的一种情绪体验，也是对人际关系威胁最大的情绪反应之一。国外做过一项实验：把人在愤怒时呼出的气液化成水会产生紫色的沉淀，将这种液体注入老鼠身体几分钟后老鼠就会死亡。另外还有实验表明，人们生气十分钟消耗的卡路里，相当于跑3000米的路程，而且生气时分泌的物体有毒性，一两次还问题不大，如果成为常态必然危害健康。

愤怒危害的不仅是身体，更会影响到我们的心智，所以我们要用健康的、具有建设性的方式去管理我们的情绪，不要急于把负面情绪宣泄出去，要思考是否是自己的错误引发了冲突，只有懂得尊重别人才能尊重自己，维持良好的职场人际关系。

美国心理学家詹姆斯·威德对上班族进行过调查，发现有50%的上班族都有过在工作中愤怒的经历，而最糟糕的莫过于压抑这种愤怒，因为压抑愤怒会让人感到焦躁，这种焦躁又会让人对工作本身产生厌倦，这就直接影响到对未来的职业规划。现在跳槽率如此之高，也是因为很多人怒发冲冠之下选择了离职，他们在潜意识里认为下一个工作的环境会更好一些。

事实上，你能开除老板，你能远离同事，但是愤怒是永远开除不了的，无论你发不发火，愤怒就在那里。所以，我们要提升自己的情商，意识到自己的愤怒因何而起，这样才能坦然面对自己的情绪。

一位哲人曾说："愤怒才是人类真正的敌人。"没有一个老板会重用一个不能管理愤怒情绪的员工，同样，没有哪个员工喜欢跟爱动怒的人做同事。当你感觉到要发怒时，不如问问自己："我怎么这么没用，别人轻易就能惹怒我？"

6. 别让“想太多”毁了你

一座寺庙里住着两个和尚，一个穷，一个富，他们互相陪伴，每天打坐念经外加吃斋修行，日子过得虽然平淡却也安稳。过了几年，两个和尚都读完了庙里的经书，穷和尚要去南海学习佛法，提升自己的修为，他将这个想法告诉了富和尚，富和尚却表示反对，说他一无所有去南海那么远干什么。穷和尚说他去南海只要一个水瓶和一只碗就够了。富和尚惊讶地反驳：“这点东西怎么够？路上下雨呢？你的鞋子磨破了呢？万一没遇到人家怎么化斋？遇到强盗没有银两给他们怎么行？要是生病了怎么办？你不带上一些药吗？我就是因为考虑这么全面，才一直没有去南海！”结果，穷和尚没有听富和尚的话，就带着一个水瓶和一只碗上路了。过了几年，穷和尚带着经书从南海归来，把自己在路上的所见所闻全都讲给富和尚听，一派学有所成的样子。富和尚这才意识到，之前自己想太多了，阻断了自己的修行之路。

人生三步一个坑，五步一个坎，小心谨慎一些没错，但是谨慎过度了就变成了想太多，结果一步都迈不出去。其实，我们常说的三思而后行有些矫枉过正，只要“二思”就足够了，因为我们只需要搞清两个问题：为什么要去做？怎么做？

曾经有媒体采访过刘德华，问他为何保持得如此年轻，华仔是这么回答的：“我觉得别想那么多，就好像我比较天真啊，不想太多的东西，这是保持年轻的一个很好的方法。”

现代人普遍活得很累，很多都是源于想太多，为什么想太多？是因为知道的太多。在信息不发达的时代，我们了解的可能只有方圆几里地的事情，听不到什么恶性的杀人案，也不知道外面物价飞涨，更不用担心国际关系。现在不同了，打开手机和电脑，各种信息不加选择地进入我们的大脑，看到有人过劳死了，就担心自己再熬夜会不会一觉不醒；看到有小孩出车祸了，就担心自己的孩子是不是逛到马路边上了；看到有人相亲被骗了，轮到自己相亲时就像防贼一样盯着对方……其实，生活没有变得更复杂，人心也没有堕落到那么不堪的地步，只是我们接收的信息丰富了，我们的预警机制就变得更敏感了。

其实，生活可以变得简单一些，前提是我们要学会筛选那些负面信息，而不是在毫无意义的问题上想太多。归根结底，想太多的根源是没有把自己和他人区分开来：有人过劳死跟他的体质和作息规律有关，有人的孩子出事了跟恶劣的生活环境和养育方式有关，有人相亲被骗其实只是小概率事件……我们不应当抱有侥幸心理，但是把陌生人都当成假想敌，把全世界都看成是恐怖地带，整天生活在风声鹤唳之中，还能去南海拿到真经吗？

人生的很多烦恼不如叫“烦脑”，因为它们并不真实地存在，而是只存在于我们的大脑中，是一种被迫害的妄想。妄想症变得严重了，人就钻进了死胡同，想要掉头却觉得身后太危险，于是朝着根本看不清的尽头一路狂奔，结果越陷越深，外人没办法把你拉出来，你也不能带着自己走出来。

想太多是一剂慢性毒药，刚开始有个念头的时候，你不会认为这是错的，别人也会觉得你在深思熟虑。可是想着想着事情就变了味，当你幻想的种种可能被不断复制之后，它就变成了扎根在你身体里的慢性毒药，你不会觉得自己中了毒却身心疲惫，等到你发现自己为其所累时，恐怕已经病入膏肓了。

古时候的梁国有个十分奇葩的鬼怪，它不直接害人，而是喜欢装别人的儿子来捉弄大家。有一次，一个老头到朋友家串门，喝得醉醺醺，在回家的路上撞见了假扮成他儿子的鬼怪，鬼怪对老头说：“爹，让我扶你回家吧。”老头想也没想就答应了，鬼怪领着老人专走水沟和土坑，老头被摔得遍体鳞伤，鬼怪却开心得不得了。结果，老头对“儿子”是恨得牙根直痒痒，到家以后，找到儿子劈头盖脸就是一顿臭骂：“我养你这么大，你竟然拿我开涮！”儿子听得一脸蒙，最后亮出了不在场证明——昨天晚上去收债了根本没去接他。老头一听也回过味来：儿子平时孝顺老实，不可能做出这种事，于是就猜到是鬼怪干的。于是老头决定，再遇到鬼怪时一定宰了它。过了几天，老头又是醉酒之后回家，路上遇到了儿子，儿子表示要送他回去，老头上下打量着儿子，越看越觉得他不对劲：衣服不像是他的，说话腔调也不像他，眼神更是鬼鬼祟祟的……最后认定儿子是鬼怪，一刀把儿子砍死了。

这个悲剧该怪谁呢？除了鬼怪之外就是老头自己了，因为他想得太多：鬼怪刚捉弄了他一次，怎么可能连着捉弄第二次？就算怀疑儿子是鬼怪变的，也至少等它捉弄自己时再下杀手，而老头自认为的那些"疑点"都是捕风捉影，都是源于他内心的恐慌。

人活着还是要纯粹一些，不要多疑多虑，这样就不会活得太辛苦，也就少了很多烦恼。当然，想得简单并不是什么都不想，而是过滤掉那些对自己无用的信息，放弃那些违背生活常理的念头，这样我们才能获得足够的健康和自由。

契诃夫的小说《小公务员之死》，讲述了一个小公务员因为打了一个喷嚏而误认为得罪了将军，于是他不断道歉，结果将军并未在意那个喷嚏，反而因为小公务员的道歉而生气，最后小公务员被吓死了。很多人都把这个故事当成讽刺小说，然而在现实中，"小公务员"大有人在，区别在于，他们不会真的被吓死，但是他们同样生活在恐慌之中，他们意识不到自己的悲催生活，他们甚至认为那是一种居安思危的"远见"，于是他们不断琢磨着领导的心思，不断研究着同事的言行，不断揣测着客户的意图，偶尔有一次蒙对了，他们会继续沉迷在这种惊恐和惊喜的复杂感觉中，却忽视了真正的快乐。也许他们永远不会被吓死，却一直被困在自己的精神牢笼中，一点一点地毁掉了原本可以惬意许多的生活。

希望我们都不要成为那个小公务员。

7. 玻璃心，适当是情趣，过度是矫情

有一种人叫作“玻璃人”，他们骨骼脆弱，一碰就会骨折，即使伤愈了又很容易旧伤复发，所以他们终生都要小心翼翼地活着。不过，玻璃人并不是最可怜的，真正可怜的人连心脏都是“玻璃”做的，而且他们还不像玻璃人那样被人照顾，因为他们的心碎只有自己知道，别人难以察觉。

这种人俗称玻璃心。

“玻璃心患者”的诱发病因很多：考试考砸了，表白被拒了，被人开玩笑涮了，走路摔了一跤……几乎任何一种不幸都能让他们的小心脏被震碎，而要恢复则需要更多的时间，有些长期得不到愈合，如果遭遇类似的经历会旧伤复发。不客气地说，玻璃心患者处于破碎状态是正常的，如果不破碎并不证明他们变坚强了，而是正在破碎的路上。

在玻璃心患者眼里，来自他人的言行除了肯定就是否定的，而且否定的时候居多，一旦他们被否定，第一反应是在自己身上寻找原因，而不会理性地分析问题。

玻璃心患者听到批评时，会觉得对方不是在就事论事，而是在针对自己的人格、能力和道德品质乃至家庭背景，他们或者会不断地反驳对方，用更恶毒的语言回击，证明自己有价值；或者默默忍受，不为自己做任何争辩，找个地方生着闷气，徘徊在抑郁症的边缘。

有一句歇后语非常适合玻璃心们："豆腐掉灰里——吹不得打不得。"

到底是什么原因导致了玻璃心症状？

一般来说，玻璃心都是后天养成的，特别是在童年和少年时代，他们被父母过度控制或者溺爱，走上了两条看似截然相反实则殊途同归的道路：从小被溺爱的那帮人，认为自己做什么说什么都是正确的，只要别人反驳自己就觉得受到了莫大的屈辱；从小被父母谩骂的那帮人，因为搞不清自己究竟错在何处，久而久之就认为自己是一切错误的根源。不管是何种原因造成的，玻璃心患者都会长期生活在焦虑和不安中，也会在社交中将这种负面情绪传递给他人。

当然，玻璃心并非一无是处，如果症状较轻的话，玻璃心能够帮助人们认识自我，反思过去，不然变成了油盐不进的滚刀肉，岂不是真的无药可救了？另外，适当的玻璃心也是一种情趣，因为他们会有一种小矫情和小资情调，会偶尔感伤地写一篇凄美的文章，会偶尔感慨地观赏一部文艺片，让平淡不惊的生活多出一些点缀。这种适度的玻璃心，也能让他们身边的人觉得他们是有血有肉的人，会激发大家对他们的怜悯和关爱。

但是，如果玻璃心发展到重症阶段就不那么好玩了。

重症的玻璃心患者，已经将“破碎”当成是一种习惯，他们很容易在外界的信息传递中迷失自我，或者对自己过度否定，或者对他人的意见过度否定，总之就是和客观世界格格不入，无限开启自我防御模式。

19世纪，美国开始了西进运动，当时很多人都要从西海岸圣地亚哥到东海岸，距离为3000英里。在如此漫长的路途中，有两种走法：第一种是天气晴朗时多走一点，遇到狂风暴雨就找个地方躲起来；第二种是无论刮风还是下雨，每天都必须走20英里。两种选择比较起来，明显第二种方法更加残酷，很多人都不会采用，可是如果采用第一种方法，很可能永远到不了目的地，因为人们总会在晴天时快乐地行走，而稍有风吹草动就会放慢速度甚至停步不前，久而久之，人会变得越来越敏感和脆弱，会变得过分爱惜自己，会对外部世界更加充满敌意，结果就形成了玻璃心体质。

现在知道玻璃心的害处了吧？一个人如果老是被“震碎”，就永远无法到达你梦想的“东海岸”。

当然，玻璃心并非无可救药，可以采用以下三种方法自救：

第一，学会理性认知自己。不管别人怎么评价你，你要做的不是痛哭流涕，而是先把这些话抛到一边，冷静下来，分析自己，看看问题是否出在自己身上，有则改之无则加勉。如果是对方恶意指责自己，就要学着为自己辩护，而不是保持沉默，因为沉默往往等同于默认，还会给自己憋出一身的内伤。当然，我们在为自己辩护时要有理有据而不是脏话连篇，这样只能强化你的玻璃心特征。

第二，保持开阔的心胸。别人对你做出评价了，这不是什么坏事，而是一个通过外人来认识自我的机会，所以不要将别人的意见都看成是有敌意的，要学会甄别好话赖话，对于那些真心提意见的，要感谢对方；对于心怀叵测的，也不要想着打击报复，更不能通过寻找别人身上的缺陷来达到心理平衡。

第三，学会换位思考。有时候自己的无心之过会造成别人的不满和误解，这时候对方说出的话很难客观，所以当你分析出这些话的本意时，不要脑子一热就否定对方，要想想如果是自己的话会不会也能保持冷静和客观，如果做不到就要学会理解别人，做到了也不要抨击别人，而是等到双方都冷静下来再好好聊聊。

玻璃心自带矫情属性，而矫情的最大特征就是喜欢过度解读。很多时候，别人对你的不友善行为只是你的主观感受，你不是豆瓣上的权威影评家，不要连别人说的逗号都拆出来分析是不是暗有所指。要用正常人的思维去分析，否则你就掉进了“细思恐极”的陷阱中再也爬不上来了。

其实，玻璃心患者的最大症结在于他们不擅长沟通，或者说害怕沟通，不懂得通过交流来改善人际关系。如果别人批判了你，觉得委屈的话就好好跟对方解释一下，如果觉得很中肯就直接道个歉，不要把面子看成是金子，一点都舍不掉。只有让沟通保持足够的活跃度，才能避免和别人处于对立状态。

玻璃心就是自尊心过强，这不是值得炫耀的事，也不是你顾影自怜的借口。当然，自尊心是作为人的必备品，没有自尊心就没有廉耻心，人也就难以被称作人了。可是自尊心设置得太过敏感，别人咳嗽一声都能发出防空警报，这种自尊就变成了神经质，带着这样一颗怨妇心去工作和生活，你每天的日子就会沦为和街坊大妈斗嘴的小市民模式。

我们需要认清一个事实：没有谁会按照你的标准去对待你，一是因为别人无法对你感同身受，二是因为大家实在没有闲情逸致去顾及你的感受，所以要接受现实，学会与人为善。

拒绝玻璃心，就是远离低质量的情绪体验，让我们的头脑活跃起来，生命丰富起来，你就会发现这个世界其实还没那么糟糕。

第三章

接纳自己，不完美才美

1. 坏情绪不可怕，逃避情绪才可怕

一位国王有两个儿子，他准备从中选一个做王位的继承人，于是他给了他们每个人一枚金币，让他们去镇上随便买点东西。到了晚上，两位王子都回来了，大王子一脸愁容，小王子却满脸欣喜。国王问大王子出了什么事，大王子神情沮丧地说："您给我的金币让人偷了！外面的世界很危险，我再也不出去了！"国王又问小王子为什么如此高兴，小王子说："我用这枚金币买到了一条珍贵的经验。"国王问是什么经验，小王子回答："贵重的物品一定要保管好！我明天可不可以再出去一次？"国王听到这里，决定将小王子选为继承人。

两个王子的遭遇其实是相同的，都因为粗心大意丢掉了金币，也都会产生负面情绪。然而，大王子没有从正面化解负面情绪，他把丢金币归罪于"外面的世界"，继而选择逃避；小王子不仅能够

把“丢金币”的坏情绪转变为“获得经验”的积极情绪，还渴望继续外出，他的自我调节能力和勇气符合做国王的条件。

在现实生活中，像小王子这样善于转化负面情绪的人并不多，大多数人和大王子一样，一旦产生坏情绪就选择逃避：和某个朋友发生摩擦就减少所有社交活动，一次考试失败就不再备考，和某人恋爱失败就“佛系”地拒绝其他人……看似和坏情绪越来越远，其实是和积极的情绪分道扬镳。

人为什么会有逃避心理？因为人的潜意识过于强大，你饿了去吃饭，这是主观控制的，可是当食物进入胃里之后怎么消化，不是主观意识能控制的。

有的人工作累了，会听听音乐、看看电影或者玩玩游戏来放松，这只是暂时缓解紧迫感，并不是逃避，所谓的逃避是拒绝做这项工作，或者是不负责任地完成。逃避是一种心理防御机制，但这是消极的防卫方式，用逃避坏情绪的态度去减少挫败时感受的痛苦，只能让我们回避现实，把问题搁置到一边。更糟糕的是，这种消遣的方式让很多人获得一种满足感，如果长期沉溺其中，会消磨掉人们的意志，这就是“娱乐至死”的另一种表现。

逃避坏情绪是一种无能的表现。当我们处理的事情超过驾驭范围时，我们会产生焦虑，这种焦虑会迫使我们主动逃避，这是一种本能。但人不应该完全被本能驱使，在遭遇挫折时要想出解决办法，这样才能真正断绝坏情绪产生的根源。

逃避也是拖延症的副产品。拖延症是产生坏情绪的诱因，因为畏惧坏情绪，不想正面解决冲突，所以就不断拖延，避免和坏情绪打个照面，结果坏情绪不会自己离开，你消耗的不是它的耐心，而是你自己的意志力，最后形成本能的条件反射：遭遇坏情绪不马上解决而是无限拖延……结果如何呢？你变成了一个无能者。

逃避也是缺乏自信的表现，是你不敢正面解决坏情绪，然而事实上，你并非真的处理不了它，而是不相信自己能够解决它。一个人的成功和自信心有着50%的必然联系，在情绪管理方面也是如此，愿意调整自我情绪的人更有可能解决问题，而怀疑自己情绪管理能力的人，往往都成了情绪的奴隶。只有克服自卑，才能从根本上避免逃避坏情绪的潜在念头。

东风大学毕业之后，找了半年工作都没有结果，最后在家人的帮助下进了一家小公司。这倒不是他能力有多差，而是他一想到要去面试就会感到紧张，因为他害怕面试官提出的各种问题，担心自己的回答会让对方不满意，特别是东风得知别的同学都找到了好工作之后，这种相形见绌的自卑感更压抑他的自信，所以父母才给他找了一家压力不大的小公司。可就在东风入职一个月以后他竟然辞职了，原因是他做PPT很慢，总是被老板批评，他不喜欢这种感觉，于是走人了。家人见东风又无事可做，就为他物色了一个销售员的工作，结果这份工作干了一个星期又被他辞掉了。原因是东风不敢面对客户，因为他害怕被对方拒绝，更不愿意直面别人的冷言冷语，他整天活在焦虑中痛苦不堪。最后，家里人给东风找了一个有事业编制的工作，本以为这下他能安定下来，结果干了不到半年，东风因为递交给领导的一份材料打印得不够清晰被说了两句，但责任并不在他，是因为同事给他提供的文件清晰度不够，本来东风可以把误会澄清，但是他害怕领导不相信自己，又怕同事跟他争辩，最终写了一份辞职报告离开了。后来，一个朋友问东风："你PPT做得不好，销售业绩不行，这些事情发生时你是什么感受?"东风说，他认为自己是一个废物，一点小事都做不好，他感觉自己的人生已经没有了希望，因此他才选择逃避。

对东风来说，坏情绪始终存在，他却从来没有尝试化解它们，采取的只是消极对抗——远离坏情绪产生的根源。然而这个根源是无处不在的：很多职业都要面对客户，很多员工都会被领导批评，很多岗位都需要做PPT……东风根本不可能完全与之隔绝，所以他注定会被坏情绪袭击，只靠逃避是不能解决问题的。

情绪如同一个处于成长期的孩童，只有多和它接触才能让它朝着更健康的方向发展，才能避免心理畸形，这就是情绪管理的意义所在，它决定了我们的成长和命运。因为情绪是由大脑产生的，所以它和免疫系统之间也存在着互相影响的关系。国外有医生证明，如果预约做手术的病人告诉医生他很害怕时，医生会果断取消手术。这是因为当病人处于紧张的状态时会加剧流血，而且容易感染或者引起其他并发症，后期身体的恢复速度也会下降。反之，如果病人情绪稳定，那么手术的成功率就很高，康复率也会提高。

情绪管理既然如此重要，我们为什么不学着正面对抗而要消极避让呢？当坏情绪到来时，女人选择了哭泣，男人选择了叹气，疯子选择了发癫，呆子选择了发痴……无论哪一种处理方式都是在领着我们走向情绪失控的状态，所以我们必须正确认识它，找出适合自己的解决方案。

在消除坏情绪之前，我们要承认三个事实：第一，无论是好情绪还是坏情绪都是正常的，而没有情绪才是不正常的，当情绪来临时我们不要慌乱，要正确面对。第二，要学会接受情绪，愤怒是坏情绪，但一个人不会愤怒了就成了述情障碍，周围的人还如何与之相处呢？所以问题的关键在于减少愤怒发作的时间，并清除愤怒情绪会带来的后果。第三，好情绪可以帮助你，坏情绪可以毁灭你，但主动权还是掌握在你的手中，只有当你处于愤怒、悲伤这些负面情绪时才能看清它们的本质，找到解决办法。

很多人应对坏情绪常用三种办法：控制、压抑和发泄。它们导致的结果是不同的：控制就是和自己的情绪做斗争，压抑只是暂时抑制了坏情绪的发作却没有根除，发泄就是完全不管束坏情绪，脱离了情绪管理。因此，这三种办法都不能帮助我们对抗负面情绪，最合理的办法是消解。

以东风为例，他总是处于焦虑、害羞、恐慌等负面情绪中，最有效的解决方案就是对症下药：如果害怕批评而焦虑，那就多和领导沟通，慢慢了解对方并适应对方的工作方法；如果担心被客户拒绝而胆怯，那就多找几个客户练练胆，最好从脾气相对温和的客户入手；如果不想和同事发生正面冲突而恐慌，那就平时多和同事沟通一下，了解他们的为人，也让他们明确你的底线，这样就能避免一些误会和冲突。

不论采用何种办法，我们都不能逃避坏情绪，因为越是逃避，坏情绪越会紧紧跟随，即便你逃离了这个世界，你也不可能真正摆脱坏情绪的控制。

2. 高情商的人，是如何面对别人的频繁否定的

有一个女孩声音甜美，唱功极佳，然而美中不足的是长着一口龅牙，每次她在别人面前唱歌时，都会因为她的龅牙而感到自卑，导致她不敢把嘴张得太大，也影响了发音。后来，女孩参加了一次歌唱比赛，因为她十分看重结果，所以一心想要掩饰牙齿的缺陷，结果没有发挥好，无论是观众还是评委都觉得她的表情和声音很奇怪，所以她落选了。后来，一位评委发现了女孩潜在的才华，就找到她，说她将来一定会成功，但前提是必须忘掉自己的牙齿。在这个评委的鼓励下，女孩渐渐忘掉了牙齿给她的阴影，她开始坦然面对这个缺陷。后来参加一次全国大赛时，女孩忘掉一切，投入唱歌中，一下子迷倒了观众和评委，由此成为著名的歌唱家，而她的粉丝竟然迷恋上她的牙齿，这个女孩就是著名歌手凯丝·黛莉。

哈佛大学流传着一句名言："对于凌驾于命运之上的人来说，

信心是命运的主宰。”信心十足的人，能够在遇到问题时正确面对，把它当成锻炼自我、反思自我的一次机会。换一个角度看，所谓的信心折射的是一个人情商的高低。

人活在世，难免有被人指责、否定和批评的时候，性格修炼中最重要的一项就是正确地认识自我，不会因为别人的否定而轻视自己，也不会因为别人的吹捧而高估自己，这才是人生的大智慧。

当别人否定我们的时候，很多人的本能反应是什么？当然是怼回去，即便怼不回去，也会因此发怒，人的自我安慰效应就会充分发挥出来。但是高情商的人不会这么做，因为他们知道真实的自我是什么，不会为别人的指责否定自己。

想想看，当你揣着足够的钱去逛高档商场时，别人嘲笑你没有钱你会愤怒吗？当然不会，因为你知道自己腰缠万贯；反之，如果你身无分文，那么别人的嘲讽就会让你恼羞成怒。

低情商的人如何揣摩别人对自己的否定？他们在潜意识里认同了对方所说的，比如别人说你能力差，你会本能地想到自己各项能力中最差的一项，于是就觉得被对方说中了。其实人的能力有很多种，一两项不达标并不意味着这个人一定会失败，但是你会为此愤怒，这就是心理学上的透明度错觉。人会将自己掌握的信息误认为他人也会掌握，结果导致你变得更加敏感。

有些事情不存在正确或者错误之别，而是价值观的问题。比如，有人说你是剩女，这是一种来自他人的否定，但并非客观存在的否定，对于这种情况只需要微微一笑就可以了。同理，当别人否定你对梦想的执念时，也仅仅是对方的不理解，并不一定是出于恶意。

小泽是一个受过专业训练的销售人员，有一次他为了一个项目拜访客户，向客户介绍他们公司的产品和解决方案。因为小泽在大学时经常参加辩论会，口才很好，所以在介绍时客户听得还是饶有兴致。然而在进入互动环节时，客户对他的解决方案直接表示否定，认为产品技术存在问题，方案不靠谱。但是小泽很清楚客户对产品理解存在偏差，所以他们的猜疑是不成立的，而客户对小泽的否定既是对公司品牌的不信任，也是对小泽专业能力的质疑，这让小泽十分不舒服。

小泽思前想后，知道否定客户是不行的，很可能把关系弄僵，只好七拐八绕地证明产品本身没有问题，最后客户仍然不满意，对小泽的解释一一进行了驳回，差点让小泽下不来台，没办法，小泽只好打道回府。很快，公司派了一个老销售过来，小泽为了取经也一同跟随，结果，这位老销售一见到客户就说："您的怀疑是有道理的，也是为了贵公司的业务着想。不过我先讲一个故事，我们之前有个客户也和您一样，做事认真，责任心极强，对我们的产品解决方案总是提出不同的想法，我们为了维护合作关系，也在一定程度上做出了让步，最后还是出了一些问题。所以我想说的是，我们不妨先试用几天再讨论，您看如何呢?"

老销售的一番话让客户消除了防御心理，做出了让步。在回公司的路上，小泽向老销售讨教话术技巧，谁知老销售一脸茫然地说："这跟话术有什么关系？"小泽也愣了："您用讲故事的方式劝说对方，这不是话术吗？"老销售笑了笑："话术这种东西，你再干几年说不定比我还厉害，这个听都能听会，关键问题在于你的心态。客户频繁地否定你的解释，让你的情绪出现了波动，没办法冷静思考，才回公司搬了我这个救兵，其实你要学习的是如何化解被人否定的负面情绪，最好的办法就是换位思考。客户为什么要频繁否定你？因为他害怕出了问题自己担责任，那么你就要站在客户的立场上，这样就能看清他的思路，再平心静气地和他谈谈，他自己也不会不知道问题谈不拢的后果。"

听了老销售的话，小泽如梦初醒，他一直以为销售靠的是嘴皮子，其实靠的还是心理的成熟度，如果心都乱了，嘴还能管用吗？老销售化解否定的核心技巧在于：不用否定去应对否定。因为否定会产生愤怒的情绪，会带来更严重的冲突和对抗，即使对方认识到自己是错的，但是为了捍卫自尊还是会坚持对你的否定，与其这样，不如让我们学会释然。

我们要承认一个事实，别人对自己提出不同的看法，并不能构成我们愤怒的理由，别人的否定和指责，只是另一种价值观的体现。

俗话说：有长必有短，有明必有暗。每一个人都有长处和短处，这是客观存在的，所以要正视优缺点而不必产生焦虑。从心理学的层面讲，每个人都有自卑的一面，不过有的人被自卑打倒，有的人战胜自卑成为强者。哈佛大学经常教导学生展示自信，其实就是提升对抗坏情绪的情商，只有这样，一个人才有能力经营自己的人生，否则永远难以成功。

当然，对于别人的否定我们并不是只能一味忍让，我们可以找出他们的漏洞进行反击，甚至可以掌握主动，驳斥他们到体无完肤，但是这样做的实际意义究竟有多大？只有当我们不需要通过驳斥他人来证明自己的价值时，我们才学会了如何豁然地面对抨击，才是真正接纳了优缺点并存的自己。拥有这种自信，即便再恶毒的攻击，都会被我们转化为一种另类的赞赏和褒扬。

在竞争激烈的社会，不要怀疑自己的能力，要相信自己积极正面的能力，才能应对人生路上的坎坷。正如尼采所说：那些不能把我杀死的东西，都将让我变得更强大。

3. 你是否具有被别人讨厌的勇气

一个人想要获得成功，最重要的能力就是不怕被人讨厌，你要坦然面对别人的吐槽、毒舌和各种黑，否则你一旦动摇了、妥协了或者失控了，你的命运就掌握在别人手里了，这难道不悲哀吗？

不怕被人讨厌并不是厚颜无耻，二者的区别在于，厚颜无耻的人是完全不在意别人的话，而不怕被人讨厌有着正确的筛选机制——别人有价值的批评可以被吸收，有恶意的直接无视。

一般来说，被人讨厌主要有三种情况，对此我们要仔细甄别。

第一种情况，有时候被人讨厌并不会对你造成影响，比如你在游戏里坑了队友被人骂，这个错误并不会干扰你的正常工作和生活，再比如你穿的一件衣服别人觉得很难看，这也不会影响你的人缘，更不用还击。

第二种情况，当别人讨厌的是你的为人或者你从事的工作时，这时你首先要确定自己的为人或者事业是否出现了严重的问题，是否触犯了道德禁忌或者徘徊在违法的边缘。如果确定是自己的错误，那就要改正。

第三种情况是最常见的，那就是我们选择的事业、生活方式、为人之道并不极端，那我们就不要在意别人的讨厌，因为对方只是站在自己的立场上，做出的判断也是基于自己的经验，所以对你才会有不同的看法。有的人遇到这种情况，会马上针锋相对地讨厌对方，他们认为必须表达自己的态度。实际上价值观的不合很难通过一两句话来解决，与其扩大分歧，不如保持平和之心，或者别人会慢慢消除对你的偏见，或者你会适应这种无关紧要的讨厌。

泡芙妹小时候因为一次火灾，脸上留了一个难看的疤痕，她每次照镜子的时候都感到很不舒服，因为同龄的女孩子脸上都是光溜溜的，她很羡慕她们。而每次走出家门时，有些人还会特意盯着她的疤痕看。泡芙妹觉得自己被人讨厌，她开始变得不爱外出，身边也几乎没有什么朋友，如果有陌生人盯着她的脸看，她甚至会还以颜色地瞪着对方，她变得越来越敏感，也更加富有攻击性。后来，泡芙妹加入了一个名叫“天使之吻”的QQ群，里面都是和她有相同遭遇的“难友”，在她讲述了自己的遭遇后，一个群友约她第二天去逛街。开始泡芙妹很抗拒，但在对方的盛情邀请之下终于答应了。

第二天，泡芙妹和群友穿着漂亮的衣服去最热闹的商业街上。她们脸上都有惹人注目的疤痕，泡芙妹恨不得弓着腰走路，然而群友却大大方方地东走西逛，完全不害怕别人对她的注视。后来两个人逛累了，群友请泡芙妹去一家快餐店吃饭。当她们落座之后，对面的一对小情侣立即起身去了旁边的座位，泡芙妹的自尊心被彻底打垮了，然而群友却把餐盘和饮料随意地摆放着，还得意地说："你看，他们给咱们留了这么大一块地方，多舒服啊。"泡芙妹惊讶地看着群友，对她的豁然十分敬佩。群友拉着她的手说："原来我和你一样，想过整容，想过一辈子不出门，甚至还想过去死，可是后来觉得太不值得。别人可以讨厌我们，但是我们为什么要讨厌自己呢？我们除了照镜子之外再也看不到自己的脸啊。现在我在公司里还混了个部门经理，大家对我都客客气气的，因为我发怒的样子十分吓人呢。"说完，群友还对着泡芙妹做了一个鬼脸，然后继续吃着美食。泡芙妹这才意识到，原来被讨厌的人生，其实一样可以过得精彩。

被人讨厌是一种常态，因为每个人的喜好和选择不同，只是很多时候我们没有意识到，或者讨厌我们的人注意技巧，没有直接表露出来。

人们对情商高的人存在一种误区，认为情商高的人绝对不会被人讨厌，事实并非如此。情商高的人绝不是只会卑躬屈膝地讨好他人，因为他们明白一个道理：要想在社会中获得声望和成就，被人误解、歧视，甚至敌视都是正常的，不如洒脱一些，因为别人最多只能讨厌你，却无法干涉你的人生。

如果一个人过于在意自己是否被人讨厌，就会把注意力转移到如何迎合他人这方面，会压抑自己的正当情绪反应，反而有害身心健康。即便一个人获得了成功，仍然不能让全世界的人都喜欢，总会被一部分人讨厌，这样看来，为了不被讨厌而扭曲了你的人生计划是否值得呢?

很多时候，我们的恐惧和不安不是因为别人伤害了我们，而是因为自己潜意识中的逃避、怀疑和动摇产生了对应的态度。你开了一家炸鸡店，效益不好，又借了亲朋好友不少钱，这时候大家眼看着你难以为继了甚至催着你还钱了，你成了被讨厌的人。而你之所以在乎这种感觉，是因为你自己也厌倦了可能遭遇的失败，也想着要关门大吉了，所以别人的讨厌才在你的心里变得越来越真实，因为你觉得那是一种预言。反之，如果你坚信自己会把店开下去，那么别人的讨厌对你其实没有杀伤力，反而会成为你证明给他们的动力和信念。

现在发现区别了吗？我们对被人讨厌的在意程度，和我们对自己缺陷的合理化有关，我们越是缺乏自信就越是在意别人的态度。

心理学上有一个概念叫“重要他人”。在我们的人生历程中，总会有几个人可以归到这一类，他们都或多或少地对我们产生过重要影响，他们可能是我们的父母，也可能是我们的朋友和老师，甚至可能是一个陌生人。我们在他们面前想要表现得足够好，不想被他们嫌弃，因此从内心深处惧怕被他们讨厌，但是我们忘记了一点：我们的父母不会因为我们的某个缺点就失去对我们的关爱，我们的朋友也不会因为我们一次做得不好就彻底抛弃我们，一个陌生人也不会对另一个陌生人过多苛责……归根结底，我们的心结在于太过看重别人对自己的看法。

一种讨厌的情绪未必会毁掉一段关系，但是自卑的心理一定会加速这段关系的灭亡。

很多人害怕被讨厌，是因为在“做自己”的道路上遇到了障碍，开始怀疑自己是否会被整个社会接纳，然而这个认知是错误的，因为他们没有正确将自己和他人区分开来。如果我们盲从他人，虽然变得不被人讨厌，但是你从此失去了自我，永远活在别人的好恶当中，会距离成功越来越远。而你换来的只是一个合格的社交形象而已，甚至可能重复别人的人生，在不知不觉中变成了一个没有生命和灵魂的傀儡。

在互联网时代，负能量传播的速度非常之快，与之相对的就是对他人的谩骂和攻击也如影随形，我们很可能因为一句话甚至一张自拍照就成为被讨厌的人。相比之下，我们想要获得别人真心的祝福和肯定却要难得多，这种信息交互环境中，更需要我们提高情商，因为一个人要想变得卓越，就必须坚定自己的信念，就要在别人讨厌你的时候仍然保持冷静的思维和平静的情绪状态，这样你才能认清改变人生的困难，才能为之付出更多的努力。我们要明确一点：这个世界怎么看你并不重要，重要的是你如何看待你自己，我们都在修行的路上，不被人讨厌，哪里还有修行的动力？

4. 你还在相信优秀的人向来不合群?

人们有一种错误的认识：优秀的人都不合群。的确，爱因斯坦、乔布斯这些人似乎都不是那么“合群”，但人们似乎忘了一点：他们这些处于行业顶端的精英，有高深的专业能力和先进的产品理念就足够了，为何要去“合群”？事实上，他们的成就和地位决定了别人要去迎合他们。

阿祥经过多年的努力，成了一所名牌大学的博士，之前向来单调的朋友圈里，如今也多了很多与好友聚会的照片。有人说阿祥的性格变外向了，有人说阿祥有更多空闲的时间了，还有人说阿祥接触了层次更高的道友……有一次，阿祥的老朋友和他聊起了这个变化，然而阿祥却一声苦笑，他说：“我在拿到博士学位之前，很少有人主动联系我，我也没有那么多时间去社交，之前的同学都是在各自的圈子里聚会。后来拿到学位之后，很多年不联系的老同学也主动联系我了，我实在推脱不下，就有选择地参加了几次聚会。”朋友听了阿祥的描述后，深有感触地说：“主动联系你的人不是更看重旧情了，你也还是过去那个阿祥，唯一发生变化的是你的学历啊。”

现在看懂了吗？不是优秀的人不合群，是因为优秀的人不必在合群这个问题上耗费精力，因为他们将更重要的时间放在专业领域而非社交上，等到他们跃进新的人生阶段，社交关系又会进行一番调整。

再来看看“合群”这个词，其实这个词义很残酷，所谓合群，无非就是迎合他人的能力。你不爱喝酒，但是上了酒桌，要想搞好关系就要端起杯子；你不喜欢K歌，但是同事都去了练歌房，你不去迎合就很难获得好人缘。简单说，没有一技之长的人，都只能依靠迎合来换取社交地位。换个角度看，如果你手中掌握着丰富的人脉或者有社会急需的某种技能，你不会喝酒又能怎样？不爱K歌又能怎样？因为大家会主动来迎合你。

人们对合群的第一个误解是，把无效社交当成是社交资源。

不够优秀的人，会把大量的时间耗费在无用社交上，之所以称之为无效，是因为桌上聚齐了人，推杯换盏、称兄道弟的，看着感情很深，然而一旦宴席散去，关系又疏远起来。但是很多人沉溺于此且毫不自知，所以才把合群当成是否优秀的标准，因为这是对他们来说唯一可控的因素。而且，当你的成长速度跟不上其他人的速度时，别人的事业发展起来后，就会进入新的社交圈子而逐渐远离你。结果，那些热衷无效社交的人又会用阿Q精神自我安慰：我不合群了，因为我很优秀。

其实这就是一个颇具讽刺的自我安慰。

社交永远不是提升一个人的关键，社交只是一种工具。当你不够强大时，社交对你来说可以获得机会，但你未必有把握机会的能力，因为你只是强行用社交去弥补你个人能力的不足。更重要的是，能否获得机会还取决于你的运气。

人们对合群的第二个误解是，朋友越多证明越合群。

很多优秀的人看起来朋友少，没有那么多丰富的社交生活，这其实是对人脉的错误认识。人脉讲究的是质量而不是数量，你结交了一个人脉广的人，就等于间接拥有了人脉资源；反之，你认识的都是同一个圈子的、人脉资源重叠度较高的人，那么可挖掘的价值就极其有限了。事实上，以朋友多寡来论英雄，是一种巨婴式的人脉观。人脉的基础是创造的可能性而不是人头数，即便是打群架，一群缺乏实战经验的狐朋狗友也抵不上几个综合格斗的退役选手。

对合群的第三个误解是，忽视了你为此付出的成本。

在社交生活中，当你提供给对方相等的价值时，你必然要回报相当的价值。比如，你的孩子想要上学，有个朋友是某学校的年级主任，动用他的关系把你的孩子弄了进去，然而没过多久，这位朋友求你给他的侄子安排工作，你又利用你的关系帮了忙。一来二去，虽然你们都如愿以偿，但是都各自付出了成本，因为你们的能量相当。可如果你是一个非常优秀的设计师，有朋友需要你帮助设计产品标志，你就可以用这项技能当作你求他办事的回报，而不需要付出多余的社交投入成本。

现在流行一个词叫“人际控制”，是指人们为了维护人际关系而被各种社交要求所绑架，正如《小王子》中，狐狸对小王子说过“你养我”，小王子问什么是“养”，狐狸回答：“养我，就是我们一起建立关系。”人和动物之间通过驯养建立一种依附关系。我们在社会中要游走在各种社会关系中，如果为了合群，每一种关系的维护都会让我们消耗一定的精力。

人际控制如此可怕，想要摆脱它的唯一办法就是你拥有独一无二的能力，让你成为不可替代的、不会被人轻易利用的人，因为对方知道失去你再难找到替代者。

那些优秀的人，都是善于独立思考的人，他们在思想上和情感上更依赖自己，而不会过多地从他人那里获得力量，这也就促成了他们对大多数无用社交的自动屏蔽。相对而言，那些缺乏解决问题能力的人以及内心脆弱的人，更依赖群体的力量，他们热衷于社交是想从中获得资源和勇气。

“合群”是人际控制的关键词，我们从小到大都或多或少地接触过一种教育观点：别不合群，多交朋友，多参加社会活动……这些要求虽然没有太大的逻辑问题，却没有解释清楚“合群”这个概念，所以也是一种绑架行为——你不合群就是不符合社会规范。受到这种观念的影响，很多人会觉得不帮助别人是违背了合群的标准，就是违背了社会法则，于是变成了人际关系的被控制者。

很多人执迷于“合群”，也是受到羊群效应的影响。羊群是一种结构混乱的组织，平时在一起经常盲目地左冲右撞，如果有一只头羊行动起来，其他的羊也会稀里糊涂地跟着一哄而上，根本不会注意附近是否有狼出没，甚至还会错过丰美的草地。如今的社会，很多人也像羊一样模仿别人的生活方式，所以才把“合群”作为是否优秀的标准。

一般来说，外向的人喜欢待在人群中，喜欢成为被人关注的焦点，当他们独处时会感到无聊；而内向的人更喜欢独处，或者是极少数的人在一起相处。按照世俗理念，人们更推崇外向的性格，潜意识里会将外向理解为一种优秀的特质，所以就将合群理解为优秀的标准。事实上，外向和内向并不关联优秀或者不优秀的品质，多数人都不是绝对意义的外向或者内向，只是一种心理倾向，会随着家庭、社会环境等多重因素的作用进行转化。

人在社交活动中会受到大脑中多巴胺的影响，内向的人往往容易获得刺激，所以不需要社交来弥补，而外向的人受到刺激不够，就热衷于参加集体活动提高快感。因此，“合群”只是一种刺激达不到满足的表现，与一个人的社交能力和人生态度没有直接关系。

有些人看起来友善，但是很喜欢独来独往，有人认为这是性格孤僻。造成这种误解的根源在于，你没有融入他们的社交圈子里，因为他们是选择性地进行社交。随着年龄和社会经验的增长，多数人都会明白哪些是泛泛之交，哪些值得用心交往。选择性社交能够为自己获得更多的自由时间和空间，用来做更重要的事。

5. 你所谓的好脾气，正在毁了你

人们都说，好脾气能受用一生。这话有理，一个从来不发怒的人不太可能有敌人，也能维持基本良好的人际关系，无论工作还是生活都很难被人抓住把柄。但是，这样的人生也是了然无趣的，因为你从来不发脾气，也就意味着你没有正面表达过自己的观点。你不得罪一个恶人，却也没为一个好人辩护，你的世界里没有敌人，同样也不会有至交，因为你绝不会为了某个人与别人撕破脸皮。

东汉时期有个叫司马徽的人，擅长识别人才，然而因为当时政治斗争十分激烈，稍不注意就可能站错队丢了身家性命，所以司马徽就经常装糊涂，不管别人和他讲什么事，不管是好是坏，他都一律回答“好”。一次，司马徽在路上碰到一位熟人，对方问他身体如何，司马徽回答“好”。又有一次，一位老朋友到司马徽家串门，伤心地说起自己死去的儿子，司马徽也下意识地说了一声

“好”。朋友走后，司马徽的妻子责备他：“人家以为你是讲道德的人，所以相信你，把心里话讲给你听。可是你听人家儿子死了，反而说好，这算什么？”没想到司马徽却说：“好！你的话太好了！”

司马徽就是典型的好好先生，他会隐藏自己的真实情绪，也会隐藏自己的内心世界，却也因此变得是非不分，不能坚持自己的原则，所以他的一生只能推荐诸葛亮、庞统这些名士参与政治纷争，而他自己却不敢投向其中一个阵营，躲在田园草舍中安稳地生活。后来曹操在南征时将司马徽收到身边，然而他没过多久就去世了，白白浪费了在乱世中大显身手的机会。

好脾气能给你换来性命无忧的一生，却很难让你得到大展宏图的良机，因为成功需要冒险，更需要在关键时刻表明立场。一个没脾气的人，自然就丧失了放手一搏的气魄和胸襟。想要成为优秀的人，就要学会断舍离，而要达到这个境界，必须要破除好脾气的掣肘。

克利夫兰从小是一个体内流淌着反叛基因的人，他的父母一直盼望着他成为一个神职人员，然而他却并不认同这种生活方式，他希望成为华盛顿那样伟大的杰出人物。后来，克利夫兰上中学时父亲病逝，家中经济拮据，他无法继续求学，只好辍学打工。所幸遇到一个好心人愿意资助他继续念书，但是提出了一个条件：让克里夫兰从事神职工作。克利夫兰拒绝了这个条件，选择了一边打工一边念书的生活，终于在22岁的时候通过了国家律师考试，成为一名律师。

克利夫兰当法官的时候是一个狠角色，他虽然清正廉洁，但是脾气糟糕透顶，经常拒绝别人，让很多政客在他的辖区内都无利可图，得罪了不少人。后来，当克利夫兰成为布法罗市的市长时，人们送给了他一个“否决市长”的绰号，这是因为他总是将“不”挂在嘴边。1884年，克利夫兰被提名为民主党总统的候选人并成功击败了竞争对手，成为美国第22任总统。然而克利夫兰的传奇并没有结束，在他任期结束后连任失败，后来在1892年的竞选中再次获胜，成为第24任总统。有人统计过，在克利夫兰在任期间，先后否决了584件国会法案。

克利夫兰和我们之前说过的哈定成了两个截然相反的例子：一个是好脾气成了总统，另一个处处得罪人成了总统，这是否矛盾呢？当然不矛盾，因为哈定的好脾气并不是对原则问题的退让，而是一种社交策略，因为在大是大非上哈定从来不含糊，所以他能够按照自己既定的目标去付诸努力。克利夫兰能够获得成功也不是因为他脾气暴躁，而是因为他知道什么时候该拒绝他人，什么时候该表达出自己的态度。所以，无论是好脾气还是坏脾气，最终都是对原则的坚守，不是为了迎合他人而卑躬屈膝，也不是为了打击他人而胡喷乱黑。

在现实生活中，绝大多数的好好先生达不到哈定总统的那种境界，他们的好脾气只能出卖自己的利益而不会成为前进路上的助推器。换一个角度看，好脾气和忍耐是不同的两种品质，忍耐代表的是一种修炼技能，而好脾气只是一种生存策略，它能够保证好好先生们无病无灾地活下去，却很难活出自我，更难获得成功。

我们身边总会存在一些好好先生，他们从来不和别人争吵，即便是自己占理也不会压别人一头，甚至还会无原则地妥协。在他们的世界里，似乎个人的尊严不是第一位的，以德服人才是处世的准则，结果，他们渐渐丧失了作为人最重要的保护膜——尊严。尊严是一个人奋斗的基石，如果没有了基石，人生的大厦就无法高筑，尊严的丰碑一旦倒塌，心灵就会被践踏。

好好先生们虽然获得了看似和谐的人际关系，但也在一定程度上丢掉了自尊心，而人没有了自尊心就会缺乏上进心，就会得过且过。好好先生们在丢掉了个性之后，无法突破人生的困境，更不容易发现人生的意义和价值。人生在世，不能没有原则地妥协，而是要懂得在关键时刻争取自己的权益，更要学会保留基本的做人底线。

好脾气不仅会摧毁一个人对尊严的坚守，甚至会让别人认为他们是没有情绪波动、没有主见的“石头人”。好好先生们常常给人们一种感觉：他们不发脾气可能是对某人某事根本不在意，或者是没有任何态度，所以他们才比那些有脾气的人更淡定自若。

人际交往中，最忌讳的不是争吵，而是你想要苹果，别人给你买了一筐梨子，你不好意思发脾气说不喜欢，最后别人责怪你不吃是不给面子。为了维系彼此的关系，你还是隐忍不发，别人就会觉得你莫名其妙、难以读懂，甚至认为你根本就缺乏感情。都被人看成冷血动物了，好好先生们，你们不觉得冤枉吗？

很多好好先生，虽然看似人际关系和谐，却没有几个知心朋友，因为他们的不发火让别人无法和他们沟通。相比之下，一个吐槽老板的同事，一个和老婆吵架的好友，一个在球场痛骂主队的球迷，更容易找到愿意和他们一起发泄坏情绪的道友，而那些好好先生，人们很难和他们产生情绪共鸣，一次两次敬而远之，三次四次就会认为他们的好脾气，其实折射的是骨子里的冷漠。

西方人崇尚素质教育，欣赏那些能够保留个性的人，这也是文艺复兴和思想启蒙追求的精髓，而好脾气的人，某种程度上丧失了自我，不论他们的内心世界是何种感受，但是他们的行为方式已经远离了“有血有肉”，变得虚假和陌生，他们毁掉了原本属于自我的独特性，毁掉了追求自由的勇气，这恰恰是一种温和的残忍。

6. 比失败更可怕的是不接受失败

纵观古今，但凡成就一番事业者，不仅在智商上高人一等，在情绪管理方面也有过人之处，正如比尔·盖茨、威廉·克林顿等精英，他们不仅有着杰出的智谋，更有自励、自律和自觉的心理素质。当然也有一部分人，他们虽然才华横溢，却屡战屡败，抛开运气的因素不谈，这一类人之所以难成大事，在于他们很难接受自己失败的现实。

据说，马云当年去肯德基应聘，一共有25个人参加面试，结果24个人被录取，唯独他惨遭落选。若干年以后，马云以4.6亿美元霸气收购了中国地区的肯德基业务，可谓扬眉吐气。无独有偶，今天我们能够在哈佛商学院的大讲坛上看到马云豪气干云地激情演讲，然而在十几年前，他申请去哈佛商学院求学时却被拒之门外。

失败对成功人士来说尚且不陌生，那么对大多数普通人来说更是司空见惯了。尽管如此，很多人还是害怕失败，因为失败会让人产生极度的不安全感，所以本能地排斥失败以及失败感。从马云的故事中不难发现，只要今日获得了成功，往日的耻辱反而可以被当成美谈，只可惜我们没有时光机，并不知道自己未来是否会成功，所以今天被肯德基淘汰必定懊恼万分，必定会产生严重的挫败感，由此否定自己甚至怀疑人生……不过大家别忘了，马云被淘汰时肯定不会这么想，否则今天就没有人会知道这个故事了。

近几年之所以出现一些反鸡汤的文章和观点，主要是因为一些鸡汤文过分看重结果而忽视过程，放大了成功者身上的光芒，或者说，没有聚焦到对我们有价值的启发点上，导致成功者的拥趸们只向往成功之后的辉煌，却不知道如何面对挫败。其实这不是鸡汤灌得不够量，是喝汤的人肚子里缺少垫底的干货，该饿还是要饿的。

失败是成功之母，大概是我们听到的最多的一句话，然而讽刺的是，把这句话挂在嘴边的往往是成功人士，因为只有生出了成功这个“儿子”，才有失败这个“母亲”，二者缺一不可。这句话最容易误导人的地方在于，它宣扬只有失败才能换来成功，不过事实上有些失败是致命的，人们应当尽量避免才对。其实，对失败的正确观念是：能够接受失败，但不会把失败当成是成功的必经阶段，这是一种对挫败情绪的积极调整，因为只有坦然接受失败的考验才能让成功来得更加顺其自然。不能接受失败的可怕之处在于，我们失去了反思失败的机会和意识，转而变得习惯投机取巧或者消极退让。

接受失败，就会避免一条道跑到黑的执迷不悟，能够让人从颓败的境界中走出来，正视自己的不足并加以改正。也就是说，不从思维方式入手破除短板，人就无法提升自我，成功只会变得可望而不可即。

20世纪70年代，美国一家保险公司聘用了5000名推销员，对他们进行了职业培训，每一位推销员的培训费用达到了三万美元，这在当时是一笔巨款。然而在他们入职之后的第一年就有50%的人辞职，过了四年只剩下不到20%的人。经过调查发现，之所以有这么多人离职，是因为他们在推销保险的过程中，总是面临着被拒之门外的困境，于是很多人觉得伤害到他们的自尊心，特别是遭遇多次冷眼之后就失去了勇气和耐心，最终离开。为了解决这个问题，这家保险公司邀请一位名叫马丁的心理学家过来帮忙，希望通过他帮助公司寻找最适合的推销员。后来马丁得出了结论：那些善于将遭受冷眼视为挑战的人最有可能成为优秀的推销员，而那些将冷眼当成失败的人很难继续下去。

乐观主义者和悲观主义者的最大区别在于，前者能够接受失败，后者畏惧失败。能够接受失败的人，会将失败的原因归结为自己能够改变的事物，比如，对专业知识的掌握，对客户心理的揣摩，等等，而不是那些一成不变、无法克服的东西，所以才会更加积极努力地去扭转这种局面。相反，悲观主义者遭遇失败就会归因于自己的相貌、出身、客户群体等无法改变的客观事实。后来，马丁博士对保险公司的15000名员工进行了测试，一种是常规的智商测试，另一种是乐观程度的测试，然后对这些新招聘过来的员工进行跟踪研究，最后发现，有的员工虽然在智商测试中成绩不佳，但是在乐观测试中获得优异成绩，结果他们的业绩就非常出色。

学会接受失败，就是学会积极思考。它能让我们面对困境时保持乐观的心态并努力寻找成功的办法，也就是冷静的思想配合理智的行动，二者缺一不可，这样才有助于我们从失败的阴影中解脱出来。

“励志大师”拿破仑·希尔说过：“世界上没有任何人能够改变你、打败你，除了你自己。”一个人如果乐观地接受失败并敢于进行下一次的挑战，那么他就成功了一半。

当我们在抱怨失败对我们的伤害时，其实就忽视了它带给我们的经验和教训。其实，我们遭遇的挫折并不是负担，而是我们生命中的一部分。我们每个人的存在价值和人性光辉，往往都要通过接受失败来体现，否则就不会有下一站的成功。

经历失败后，有的人意志消沉，认为自己时运不佳；有的人则看到了希望，认为自己找到了成功的方法；有的人开始堕落，认为自己能力不够没必要再奋斗了；有的人自此游戏人间，认为成功与失败都无所谓了……之所以产生如此不同的态度，在于对失败的认识不同，或者从情感上感到了恐慌，或者从认知上产生了偏差，所以才会有千差万别的态度。

我们之所以推崇乐观的生活态度，是因为只有乐观地看待失败，才能看到未来的希望，这些对我们而言都是一种强烈的期望。

每个人的一生中都会不断遭遇挫折和失败，只要坚信自己有能力克服，虽不一定会成功，至少会提高成功的概率，这才是接受失败的最大价值。

我们恐惧失败，是因为失败让生活少了那么一份轻松，但是失败也让我们少了很多浮躁，增加了更多思考，加深了对生活的认知程度。只有内心充满希望的人，才能拥有乐观的态度，而乐观本身包含着对某个目标的强烈希望，它能够阻止人们在遭遇挫折时失去信心和兴趣，是一种对痛苦和挫折的解压良药。在乐观者眼中，一次、两次、三次的失败并不可怕，可怕的是畏惧下一次的失败，这就等于束缚了手脚。在悲观者眼中，失败是一种强大的、不可撼动的存在，他们害怕再次体验这种感觉，正是这两种差别，造就了不同的人生。

第四章

非暴力沟通，高情商的说话之道

1. 那个惹你生气的人，你凭什么要为他浪费时间？

有一句话叫作“生气是在用别人的错误惩罚自己”。这句话人人都听过，但是等到真生气的时候，我们并不能靠它给自己消火。是我们修炼得不够，还是对这句话理解得不够？先来看一个故事。

古时候有一个妇人，总因为一些鸡毛蒜皮的小事生气，她自己也知道这样不好，于是就找到一位高僧，请他开导自己。高僧听了之后，将妇人带到一个禅房里，然后锁上了门。妇人没想到高僧会这样对待自己，于是破口大骂了好长时间，骂着骂着嗓子哑了，高僧也没有反应；妇人只好请求高僧放了自己，然而高僧还是不搭理她；最后妇人彻底放弃了，这时候高僧来到门外问她是不是还生气。妇人说，她现在只为自己生气——何必来这个地方遭这份罪。然而高僧并没有打开门，而是告诉妇人，连自己都不原谅的人怎么可能心如止水。过了一会儿，高僧又来到门前问妇人：还生气吗？

妇人说不生气了，高僧问为什么，妇人说因为生气也没有办法。高僧告诉妇人，她的气还没有真正消退，一旦爆发后果不堪设想。过了一阵子，高僧又来到门前问妇人：还生气吗？妇人说，因为不值得生气，所以不气了。结果高僧还是没有打开门，反而说妇人既然在考虑值得不值得的问题，证明心中还是有气根。过了一段时间，高僧又来问妇人，妇人一脸茫然地问：什么是气？高僧将一杯茶水洒在地上，妇人看了半天终于开悟，于是高僧将妇人送走了。

气是什么？气只是我们主观情绪的一种不良体验，它来源于别人对我们的所做所言。但这些都不是气根，真正的气根只在我们心里。换句话说，别人用难听的话刺激你或者用挑衅的行为激怒你，这些都只是“外气”；你因为别人的一句话或者一个行为而发火，这才是“内气”。外气只是诱因，而内气才是本源，要想不生气就要斩断内气。

有人嘲笑你胖得能压坏地球，这句话听了确实不舒服，但你可以在生气之前好好想想：我真的能压坏地球吗？就算能压坏了用得着我赔吗？他口中的胖和我的心情有什么必然关系吗？如果能这样想，那你还生什么气呢？

现在回头再来看那句话——生气是用别人的错误来惩罚自己。这句话的关键点在哪儿？在“别人的错误”这五个字上。当别人对我们恶语相向时，是他们在用虚无的东西迫使你动怒，而这原本是没有任何杀伤力的，但是你生气了，就让这个错误变得正确了。很多人不懂这个道理，是因为被人惹怒之后，满脑子只想着怎么打击报复，怎么维护自己的尊严和面子，却没有想想自己是否因为别人的一言一行真正损失了什么。人们习惯将别人的恶意对自己造成的伤害无限放大，这其实是潜意识里想要给自己的报复寻找一个理由罢了。

演员黄渤是公认的高情商，他经常被媒体提问各种难堪的问题，也偶尔会受到别人的嘲讽。有一次，黄渤参加台湾的一档综艺节目，谈到了他和赵又廷合作拍摄的电影《痞子英雄》。黄渤直言不讳地说当初不想接这部戏，谁知主持人曾国诚突然发难：“你还不想来？拍这部戏委屈你了？”也许是为了节目效果，但曾国诚的这句话确实过分了。然而黄渤没有生气，反而心平气和地解释：因为担心与一夜爆红的小鲜肉赵又廷合作，赵又廷会很傲慢，来了之后发现并不是如此。本以为这个话题算是岔过去了，可曾国诚还是揪住不放：“台湾的演员不会，大陆才会！”意思是只有大陆的演员才会“傲慢”。这句话差点让黄渤下不来台，但是黄渤依然没有动怒，更没有急躁，反而面带微笑地说：“哦，是吗？有空去大陆玩。”

曾国诚是有意也好还是无心也罢，他的话怎么听都有些恶毒了，黄渤生气也是人之常情，即便不生气也应当好好解释一下。但是黄渤采用了更高明的回应方式，这不仅有助于化解不和谐的气氛，更重要的是传递出一个信息：既然咱们谈不拢，就点到为止吧。

和惹自己生气的人对骂或者讲道理，都是不明智的，因为你只能给他更多惹你生气的机会，不如一笑泯恩仇，毕竟世界上还有其他人在，何必为了一个人破坏心情呢?

其实每个人都不傻，都知道谁对自己好谁对自己不好，只是很多时候我们碍于情面不能轻易跟别人翻脸，然而这正是好好先生的惯用套路，看似是一种圆滑世故，其实是在消耗你的精力和耐心。无论是工作上的往来还是生活中的社交，简单直接点更好，一个让你处处不舒服的人，真的没必要跟他浪费口舌去一争高下。

欧阳修曾经和宋祁一起编修《新唐书》，宋祁很喜欢用别人看不懂的冷僻字来显示自己的博学多才。欧阳修看着十分生气。有一次，欧阳修去探望宋祁时，宋祁不在，于是欧阳修就在宋祁的家门上题写了一句话："宵寐匪贞，札闼洪休。"宋祁回来以后，看不懂上面的字，百思不得其解，最后只好找到欧阳修问个明白。欧阳修解释说："你忘了，这八个字是'夜梦不祥，题门大吉'啊!"宋祁抱怨欧阳修为何用这些别人看不懂的字。欧阳修马上告诉宋祁，这就是模仿他的风格写的。宋祁听了欧阳修的话，顿时为自己的肤浅和无知感到羞愧。

宋祁这种人确实让欧阳修恼火，但是他又没必要和这种卖弄学问的人讲大道理，所以就用以其人之道还治其人之身的办法回敬，简单直接，又不浪费时间。

当我们和某个人实在难有共同语言的时候，如果继续在一起，这种冲突会持续扩大，这样一来，无论你们之间是否有被绑定的利益关系，都会对其产生破坏作用，所以远离他们不是因为我们胆怯，而是因为我们在主动避免矛盾发生，这是一种大局观。从更深的层面来看，这是对自己和他人的一种慈悲，因为你已经预见了继续沟通和交往的不良后果，那么准备离开的人就占据了主动权，也为这段关系保留了最后一块遮羞布。你惹我生气，我也不和你浪费时间，这样我们都能保持愉快的心情，对周围的人来说也是一种善举，何乐而不为呢?

人生在世，需要多和能让你变得更好的人交往，而不是和总刺激你情绪的人在一起，或许很多人在情绪管理方面能力有限，既然如此，我们也不必非得学习对抗负能量的本事，不如直接远离负能量。

有时候，我们为了生存不得不和一些我们不喜欢的人打交道，这是一种生存策略，也是无奈之举，但是我们不能为此牺牲一切。如果对方给你的负能量远大于你能获得的收益，那么这就是一笔不划算的买卖，也会耽误你和更有价值的人交往。认清这一点，我们才能自由地享受生命赐予我们的快乐。

2. 抱怨，是美好人生的调味剂

小时候，很多父母会告诉孩子少抱怨，多听话。上学以后，老师也会教育学生少抱怨，多学习。进入职场之后，老板也会教育员工少抱怨，多干活。几乎所有人都排斥“抱怨”二字，以至于没人愿意承认自己喜欢抱怨。

那么，不抱怨的人，真的会得到幸福吗？

芽子在大学里是一个被贴上了“怨妇”标签的人，她会抱怨男朋友打游戏冷落了自己，她会抱怨导师布置给她的实验项目太难，她还会抱怨食堂里的饭菜不好吃。时间一长，芽子身边的某些人就开始疏远她，甚至还把她的抱怨特质告诉别人，以至于大家一看到芽子就匆匆结束了话题。渐渐地，人们也很少听到芽子的抱怨声了。在一次聚会上，大家聊着聊着谈到了芽子，一位学长说：“像芽子这种喜欢抱怨的人，很难获得幸福，因为负能量太多了，你们看木子就比她好很多，从来不抱怨男朋友，也不抱怨老师，更不抱怨食堂。”大家纷纷向木子投去了赞许的目光。然而两个月过后，木子告诉大家，她和男友分手了。

几个关系不错的同学找到木子询问原因，木子说，她从来不抱怨男友，并不是男友完美无缺，是因为她不想让他不高兴，所以每次他玩游戏忘乎所以时，都是她给男友点的外卖，一来二去，男友也就习惯了。木子虽然愿意为爱付出，但是没有反馈的爱终究不能长久，她思前想后只能分手。说到这里，木子又不无感慨地说，他们的分手也和她手头的实验项目有关，因为导师要求太过苛刻，她每天除了吃饭和睡觉都在实验室里泡着，对男友的容忍度也降到了最低。大家听了木子的讲述后都若有所思，这时候有人插了一句题外话：“总吃外卖不卫生。”木子马上接过话茬：“谁让食堂的饭那么难吃呢?”

就在大家为木子的遭遇倍感唏嘘时，芽子却突然宣布和男友准备在毕业之后结婚，大家都感到震惊。有人问芽子是什么情况，芽子说，她的抱怨传进了男友的耳朵里，在宿舍几个兄弟的劝说下，男友不再那么沉迷游戏了，也会抽出时间陪她一起做实验项目；因为导师听到了芽子的抱怨，开始很生气，后来找芽子长谈之后也知道了具体困难，就允许她临时找个帮手。大家听到这里，不得不感叹芽子和木子的戏剧人生。不过更有意思的还在后面，芽子因为不满食堂的饭菜质量给院长发送了e-mail，正巧赶上全院卫生大检查，院长特地去后厨转了一圈，食堂的饭菜质量有了明显的改善。

听到这里，同学们才明白之前对芽子的疏远是道行不够深啊。

不抱怨的人生，真的未必会有好结果，让你崇尚不抱怨的人，通常就是问题的制造者。你不抱怨父母对你管教过于严厉，父母就会觉得你很享受这种被管教的状态；你不抱怨老师讲题太快，老师就会以为你已经听懂了；你不抱怨老板放假太少，老板说不定就会再让你少休息两天……当你放弃抱怨时，你也就关闭了别人了解你的渠道。

俗话说，会哭的孩子有奶吃，虽然这是一个近似于厚黑学的生存技巧，并不值得提倡，但是也从侧面证明了无底线的不抱怨对自己是弊大于利。我们提倡的抱怨是合理的抱怨，也就是基于事实，而非凭空捏造，这原本就是属于我们的一项基本权利。换句话说，只有懂得抱怨的人才能获得“足量”的幸福，不抱怨的人反而会被“缺斤少两”。

抱怨不能一概而论，它分为对外和对内两个层次。对外，就是要和别人保持积极的沟通，让别人理解我们的苦衷；对内，就是通过抱怨宣泄负面情绪，让我们的心情好转。

主流的价值观推崇不抱怨，其实是将合理的抱怨和无理取闹的抱怨一刀切了，后者才是让自己生气、让别人动怒的纯粹负能量，而前者可以看成是一种特殊的交流和表达方式，是一种带着情绪的有声语言。

抱怨并非洪水猛兽，除非你像祥林嫂那样逢人就讲自己的悲惨故事，这本身超出了抱怨的范围，是唠叨狂，是神经病。我们抱怨一件事当然不能让我们升职加薪，但是可以传递给公司一个信号：你对目前工作的现状有些许不满。这看起来是在向公司挑衅，但是我们反过来想想，不抱怨又能如何呢？公司会认为你对当前的工作环境、任务分配和薪资待遇都没有意见，甚至还可以得寸进尺地认为，你的“度量”能够接受更低标准的薪资待遇，直到触碰到你的底线。

不仅工作如此，恋爱也逃不过这个魔咒。你的恋人说话经常不过脑子，让你在外人面前出丑。你不抱怨，客观上就是让对方获得继续表演的机会，而在这个阶段你的愤怒一点点被积攒起来，等到爆发的那一刻你才发现，你需要的不是抱怨，而是一句“拜拜”了。

抱怨是一种真情流露，是一种自我解放，尤其是对亲近的人抱怨，是我们获得对方关注和安慰的最佳方式，把自己伪装成一个强者并非聪明之举，它只能让别人用看钢铁侠的眼神盯着你，导致他们无法对你的失落、彷徨、痛苦和无助产生共情。抱怨是维系感情纽带的基础，当你抱怨时，就引出了一个问题，对方知道了才能想着如何去解决，否则问题始终会在那里，不会自行消亡。

经历抱怨之后，我们才能自我治愈或者得到鼓励。即便在工作上，适当的抱怨也会让我们减轻焦虑，集中注意力去做更重要的事情。切记，你的上司不可能了解你的任务量是否超额，你的同事也不能确定你是否需要别人的协助，偶尔抱怨一声，你才有机会获得援助，才能给自己减负，而这对你未来的事业发展必定有正面作用。适度的抱怨，会让你顺利完成工作，这样公司的利益保住了，你的个人需求也满足了，你用抱怨换来了双赢，这就是将抱怨转化为生产力。

有时候，抱怨不仅不会影响别人对你的评价，反而会拉近彼此的距离，因为抱怨也是倾诉的一种形式。一般来说，我们不会对陌生人抱怨，也不会对竞争对手抱怨，能让我们张开抱怨之嘴的至少是无敌意的人，所以我们借用抱怨能够向别人传递一个信息：喂喂，我在对你抱怨啊，这意味着我已经对你卸掉了伪装和防备，我们是一伙的。反过来看，一个人从来不对你抱怨，要么对方一直强忍着憋出了内伤，要么就是你们的关系还不够亲密，这绝非是什么好信号。

那些从不抱怨的人，其实不见得内心有多么强大，他们很可能藏着一颗冷漠之心。因为他们习惯了世间冷暖，情感变得麻木，失去痛觉，或者是将抱怨化为复仇的动力，只要获得一个机会便出手反杀，而这种人就是“心机婊”和“心机boy”。想想看，如果你身边有这样的人，难道不是一种威胁吗？

人生要想获得圆满，没有一个良好的心态是不行的，但我们终究是有七情六欲的人，心态不可能一直保持最积极状态，它需要调整，需要内化，需要将负面情绪驱走，而抱怨就是一次大清理，它能够让人维持身心的同步健康，让我们将负能量宣泄出去，以更积极的态度经营人生。

只要我们的抱怨没有妨碍到他人，没有损害别人的利益，不会对我们的情绪造成困扰，那么抱怨就能帮助我们排遣抑郁，调节情绪。拥有抱怨的人生才是完整的，因为生命原本就是由喜怒哀乐构成的。当然，抱怨要有一个限度，不能为了抱怨而抱怨，这样会将抱怨转化为戾气，影响我们独立思考的能力，也会破坏我们的人际关系。

三毛说过，偶尔抱怨一次人生可能是某种情感的宣泄，也无不可，但习惯性地抱怨而不谋求改变，便是不聪明的人了。

抱怨就像是吹走笼罩在我们头顶的阴霾的一阵风，不必过于狂暴，因为太狂暴了，连花花草草也会吹断；也不能太微弱，微弱到阴霾只被吹走一寸。我们的抱怨是为了换取一份好心情，这才是抱怨的终极奥义。

懂得抱怨的人，才能让别人有机会了解你，优化我们的生存环境，即便达不到这个目的，抱怨也会让我们体验一次畅快淋漓的宣泄，从嬉笑怒骂中品尝人生百味，让我们历经污浊和磨砺后，依然保持一颗宁静、和善之心。

3. 拒当背锅侠，“小透明”也可以很强硬

总有些人不是那么优秀，他们虽然每天加班工作，忙得手脚朝天，可是轮到发年终奖的时候却靠边站。如果公司大了，老总可能都叫不出他的名字，而且人际关系也不是那么和谐，同事关注的焦点几乎都不在他身上……这种人俗称“小透明”。虽然这是一个悲催的存在，但是很多人却喜欢当小透明，因为他们觉得这样可以置身事外，永远当路人甲——这种想法大错特错。

别以为当了小透明就可以变成“世外高人”了，正因为你没有存在感，人们才觉得你像天上的星星，多一颗少一颗都无所谓，出了乱子就会让你背锅。结果呢，很多小透明认为自己通过正常工作难以出人头地，就想通过背锅这条“捷径”来获得崭露头角的机会，那么问题来了，背锅到底是有利的还是有害的？答案很简单，如果是有利的，怎么会轮到你这个小透明来背？

汉生毕业后进入一家公司做销售，他在入职的第一天就发誓要好好工作，成就一番事业。因为汉生尚且处于试用期且缺乏相关经验，所以他不能独立完成工作，就让经理作为他的老师，带着他出去见客户。汉生知道自己是底层的小透明，所以他围着经理鞍前马后地伺候着，生怕什么地方做得不对引起大佬的不满。

有一次，汉生和经理接待了一个客户，客户离开后，经理让汉生在一份合同上签字。虽然汉生还是个在练级的菜鸟，但是他也知道合同不是随便就能签的，特别是他仔细阅读了条款之后，发现经理让他签字的地方正是客户要签的地方。于是汉生对经理说，这么做不太合适，公司一旦发现会怪罪下来。经理却不以为然地表示，只是签个字怕什么，客户不是不想签而是忘了签。汉生还是有些犹豫，结果经理又把话题扯到了汉生转正的问题上，汉生思前想后，觉得得罪谁也不能得罪顶头上司，就硬着头皮把字签了。过了不到一个月，公司和客户因为框架协议的问题闹掰了，之前合作的项目也被迫终止，双方闹得不可开交之际，客户表示合同上的名字根本不是他签的，他要走法律程序起诉，公司为了息事宁人就开除了汉生。汉生觉得很委屈，找到总经理说是经理让他干的，然而经理却死活不承认，汉生只得卷铺盖走人。

其实在职场上，汉生这种人比比皆是，他们并不傻，他们知道自己处于食物链的底层，是不折不扣的透明生物，只有在领导和同事面前好好表现才有更光明的职业前景，所以在顶头上司的威逼利诱之下，汉生们很容易就上了贼船，然而东窗事发之后，他们注定会扮演背锅侠的角色。事实上，汉生们几乎都忽略了一个问题，正因为他们是小透明，公司对他们的容错率是极低的，犯了哪怕一点小错都可能影响职业前景，更不要说背了个大锅了。

职场中要遵循减法思维，也就是说集中主要精力做最重要的事情，当然这也就意味着不要干和自己无关的事情。因为你背了锅，不管最后是怎么样解决的，你都和一件事或者一个人产生了瓜葛，就被人抓住了把柄，说不定什么时候就被人摆了一道，到时候想推都推不掉。

很多小透明之所以愿意背锅，是因为他们错误地认为，公司利益至上，只要自己为公司背了锅，就相当于赚到一笔人情，其实这是一个很严重的误区。

职场上最重要的不是保住公司的利益，也不是一味地保住自己的利益，而是保住自己发展的机会，而背锅势必会让你的职场经历染上污点，甚至遭受致命一击。公司是一个非常空泛的概念，不是公司里的每个人都对你的前途有决定性的作用，只有那些直接领导你的人才最重要，只针对特定的几个人背锅或许还值得商榷，其他的一律免谈。

国外有一个名叫阿克塞尔罗德的科学家，利用计算机进行了一系列模拟博弈比赛，结果发现，能够获胜的博弈策略，不是率性而为的随机行为，也不是忽冷忽热的处世之道，更不是任劳任怨的无底线让步，也不是众叛亲离的反社会人格，而是一种宽容的以眼还眼。把这个理论搬到职场上，就是说要想保持长期的合作关系，你不能让别人看不透你，而是要给人一种稳定的行为上的预期，同时你也要表达自己的善意，但是当对方伤害你时一定要捍卫自己的权益。只有采取这种博弈策略，才能保证自己的利益最大化。

这下小透明们终于知道了吧？你的软弱退让绝不会让你在职场上如鱼得水，只会让人看不起。从你打算背锅的那一天起，你的利益就被职场上的各种势力瓜分了，而你丧失了主动权，下场到底有多惨取决于别人有多仁慈。

记住，乐于助人从来不是职场的生存法则，现在很多人却喜欢用道德绑架甩锅给别人，并不考虑甩锅之后对别人造成的影响。因此，在没有利害关系的前提下，背锅纯粹是一种傻缺行为，不会给你带来任何好处，即便有也是得不偿失。更糟糕的是，如果一个人背锅背得顺手了，以后出了事大家第一个想到的背锅人选就是你。而不了解真相的人，会认为你是一个麻烦制造者，以后出了事就会等着你主动背锅，你要是胆敢不从，那就是认错态度不好。

勇敢地把锅推给原来的主人，这是你在职场上成熟的第一步。不过，拒绝背锅也要注意技巧，因为对方是为了保住自己的利益才甩锅的，所以他们的心态并不稳定，情绪会出现波动，这时候你要回绝对方就尽量不要带有情绪，否则会被对方视作怀有敌意。比如“找别人问问吧”“我不行”之类的话，这种回绝显得很生硬，甚至有点冷眼看热闹的意思，所以最好的拒绝措辞应该是“我是真的有心无力”“这个我确实做不到”之类的话。一定不要逞一时口头之快，否则轮到你摊上事之后，对方难免不会给你火上浇油。

如果对方平时和你关系还不错，当他甩锅给你的时候，你要和他沟通清楚：自己是无能为力而不是不想帮助。如果对方平时和你关系一般，那就要在第一次拒绝中表明态度，尽量避免反复纠缠，这样你就从甩锅的人选中被永远排除了。

职场的残酷性在于，很多老板只看结果而不管过程，如果你失败了一次，就成为永远抹不掉的职场污点，很难得到重用。老板对你的认可永远是业绩而不是工作量，像背锅侠这种“幕后英雄”，永远只是个被人忘却的小角色。背还是不背，你自己考虑清楚。

4. 你的“耿直”快把你的好感度败光了

现在的人很喜欢包装自己，脾气大的叫性情中人，神经质的叫内心敏感，懒惰的叫佛系，不辨是非的叫生性纯良……还有一类人，性情耿直得经常得罪人，却自称为心直口快。

唐朝有个诗人陈子昂，他可以说是耿直界的代言人，论才学他并不比李白、杜甫差多少，然而他耿直得让人无法接受。陈子昂考中进士以后，得到了一代女皇武则天的垂青，成了高级公务员。按理说仕途将一帆风顺，就算不够机灵，只要不犯大错仍然有升职加薪的可能，然而陈子昂却极度迷恋心直口快这项技能，竟然不管不顾地掺和到武则天废儿子皇位的家务事里，结果被贬黜到了边疆。一般人遭受了这种待遇总该有点记性了，然而陈子昂根本没有吸取教训。后来契丹人造反，陈子昂认为翻盘的机会来了，他主动请命上战场，可老毛病又犯了。他眼看着唐军被打得落花流水，于是义正词严地指责武氏家族指挥不力，最后被贬为了军曹。武家人看他实在不顺眼，接着又把他关进了大牢，结果死在狱中。

有人说，陈子昂是忠臣，只是说话不会绕弯子而已，有这样的下场是因为没有遇到明君圣主。且不论武则天算不算明君，单看陈子昂的处世作风，即使是明君也不可能长期容忍他，因为他不给皇上留面子，不给皇上的亲戚留面子，就算说得头头是道，谁又能心平气和地接受呢？

一个人因为太过率直而得罪别人，不是真情流露，是不会揣摩别人的心思，用心理学术语解释就是识别他人情绪的能力太差，这会直接导致你对一个人或者一件事的错误判断，也会影响到你的前途，甚至是身家性命。

鬼谷子说，做人要学会圆滑，不能太耿直。耿直和圆滑并不代表正义和邪恶，耿直一样可以变为恶语相向，圆滑同样可以劝人向善，关键在于你要表达的信息对方能不能理解、怎样理解。

每个人来到一个社交圈子里，都是带着好感度的，这个算是初始设置，因为大家对新人总有好奇感和包容度，但这只是一个开始，因为好感度可以随着你的表现提升或者降低。一般情况下，好感度不会无限制地提升，因为人总有这样那样的毛病，一旦露出了狐狸尾巴，总会有人不那么喜欢你了。不过，多数人不会因为你的一点毛病就彻底讨厌你，所以好感度在走势上基本保持平稳。如果你稍稍懂得一点社交之道还会适当上扬，就能避免输掉人际关系的分值。

如果你太过耿直，就是在败你的好感度。而且有了第一次就会有第二次，每一次下降的速度会呈几何式增长。因为别人会回忆起你之前的口不择言，会把这种性格使然的表现当成是有针对性甚至是有预谋的攻击行为。更糟糕的是，耿直的人很少意识到这个短板，他们甚至会觉得别人对自己不满是因为交流得不够彻底，于是在下一次沟通中会更加耿直地和对方交流，结果越来越糟。

当然，我们批判耿直并不是让人们说假话，真话要说，但要说得有策略，要让对方明白你的出发点是为他好，这样他才能接受。把耿直当个性的人，其实在意的不是自己说了什么，而是自己怎么说的，他们对别人的感受并不在意，在意的是自己畅快淋漓吐槽对方时的快感。

换个角度看，耿直的人都是懒癌晚期，懒在何处？信息加工。

耿直的人看到什么就说什么，想到什么就说什么，从来不去分析这些原汁原味的话是否顾及对方的面子，是否能让对方反思。他们认为遣词造句实在太麻烦，所以就直抒胸臆地和别人沟通，结果只能换来对方的愤怒，人际关系怎么可能好得了呢？

在很多人的字典里，“圆滑”是一个地地道道的贬义词。但实际上，恰到好处的圆滑比所谓的心直口快更符合交流原则，圆滑不仅能够保护自己，也能够保护别人。圆滑没有我们想象的那么不堪，它并非只是为了取悦别人而存在，而是为了达到某种目的进行的妥协和迂回，然而人们总认为圆滑和见风使舵是绑定的一对。

事实并非如此。

你们可以听听这样一段开场白："我这个人呢直性子，有什么就说什么，比如你吧，这一点就特别不好，很容易招人讨厌……"听了这段话的你心情如何呢？恐怕是有些牙痒痒想要咬人吧。那么再来听一段开场白："您身上有很多我值得学习的优点，特别是在这一点上我觉得很实用。不过我呢和您有一点小小的分歧，请允许我和您探讨一下……"这回听了怎么样？同样的目的用不同的方式表达出来，效果也截然不同。然而很多人非要把前者叫作耿直，把后者叫作圆滑。

其实，圆滑者并非一开始就是排斥耿直的，如果耿直管用，那么谁还会绞尽脑汁兜圈子呢？要知道信息加工是费脑子的。很多圆滑者也曾经吃了心直口快的亏，所以才转而换了套路，这是社交的需要，而不是个人的好恶。

耿直的人有一个最大的缺点，就是喜欢强调自我而忽略了集体，他们总是站在自己的角度阐述问题，会在不知不觉中将自己置身事外，所以他们才习惯性地强调别人不要介意自己说了什么。但这真的可行吗？你的听众不是傻子，他们能从你的只言片语中获得一个重要信息：你说话之所以难听，不是因为你性子直或者嘴太笨，而是因为你根本就没替别人考虑过，只顾着自己说得痛快。

人生需要策略，交流更需要策略，一个不懂得沟通策略的人，其实就是对待生活的态度不够认真，所以他们才本能地用耿直作为保护伞来掩盖缺陷。说话有技巧的人，往往都是身经百战、懂得痛定思痛的人，他们学会了变通，学会了了解人心，而耿直者不懂得总结经验，所以他们长期活在自己的世界里，却非要打开窗户对外面的人指指点点。他们对别人的利益得失熟视无睹，对别人的感情波动也毫无察觉，他们在意的只是表达的目的，却在无形中损失了人际关系这个重要财富。

一个有教养的人，一个有丰富阅历的人，一个与人为善的人，是不会打着耿直的旗子去伤害别人的。而且很多时候，我们不是明察秋毫的法官，你所认为的“恶行”未必真的邪恶，更轮不到你去批判。你“不经意间”说出的一句伤人话，暴露的是你对他人的不理解或恶意。从心理学的角度看，喜欢出口伤人的人，潜意识里是嫉妒别人比自己过得更好。

我这么残酷无情地批判你，你介意吗？

5. 有脾气的人更值得追随

前一段时间有则新闻，报道95后平均七个月就跳槽的现状，评论这条新闻的人大多数对这个现象予以包容：有的人认为工作不合适就换，没必要委屈自己；也有的人认为，老板不好就没必要讨好，不离职等着过年吗？还有的人认为，这是当代年轻人自我意识的觉醒……其实，跳槽率高并非是坏事，问题在于，你确定被你炒掉的老板是一个不合格的老板吗？

现在的人很喜欢讲情商，认为情商比智商更重要。的确，一个想要成就大业的人就得匹配高情商，于是新的推论又来了：作为一个管理者也应当有高情商，所以要在交流中照顾下属的情绪，不能伤害下属的感情，更不能发脾气……

这是一个看似逻辑严密其实漏洞百出的推论。

首先，高情商不是把一个人培养成老好人，不是时时处处迎合身边的人，磨掉自己的棱角，这个原则几乎适用于各类关系，更不要说地位分明的上下级之间了。其次，你的老板不是客服妹妹，他没有义务对你永远笑脸相迎，就好比你的老师不可能在你没写作业的时候温柔地给你讲道理。最后，只有领导者才需要高情商吗？一个优秀的员工难道不需要匹配高情商？必须让别人来照顾你的情绪？

那些从不发脾气的领导，看起来慈眉善目，让人心情舒畅，其实这一类人往往很自私。为什么？因为你在他面前永远不知道自己错在哪里，不是领导没有发现你的缺点，而是根本不想告诉你。你的短板改不掉，你就永远处于被领导的地位。

那些有脾气的领导，也不是没事找事随便发火，而是因为你的能力不足、态度不正、人品不够，没有哪个管理者会故意找下属碴儿，即便真的看不顺眼了，随便找个理由把你开了或者调走，办法多得是，没必要整天跟一个下属斗气，所以领导发脾气的根本原因还是想纠正你身上的某些缺点。

一个优秀的管理者，绝对不会给下属充足的安全感，因为生于忧患死于安乐，一个很少被领导责骂的员工，时间一长就找到了铁饭碗的感觉，这个人还会努力奋斗吗？还会被激发出潜能吗？尽管我们不愿意承认，但事实摆在那里：一个人只有被残酷的考验折磨，才能有大成长和大格局。干事业不是做慈善，一个不发脾气的领导除了给你“家”的虚假安全感之外，还能教会你什么？想想武侠小说里，那些大侠的功夫都是怎么来的？都是在逼上绝境、被打得遍体鳞伤的时候悟出来的，天天拿着花拳绣腿和你陪练，只能锻炼出一只软弱的“大虾”。

跟着好脾气的领导时间越长，你就越可能变成一只温顺的绵羊，因为你已经被同化了。更糟糕的是，你不会因为变得乖顺而升职加薪，反而会越来越不适应外界残酷的竞争。一旦你离开了这位“好领导”，在如《动物世界》的职场厮杀中最多只能活一集。

通用电气公司的掌门人杰克·韦尔奇，曾经被《财富》杂志评选为“美国十大最强硬的老板”之首，很多人和他打交道时，能够感受到一股强悍和硬朗的气场，甚至是一种攻击性，比如，嘲讽、贬低、取笑、抨击，等等。然而韦尔奇并没有把好员工吓跑，反而让他们留在自己身边，韦尔奇也成了高绩效的管理者。据统计，在世界500强企业里，至少有100人是从通用公司走出来的。杰克·韦尔奇的高级助理罗塞娜曾经这样评价他：“杰克是很强硬的，他的这种强硬也影响了整整一代的商业领袖变得更强硬，也更聪明，他们的企业也变得足够坚强，能够更好地应对恶劣的经济和市场动荡。”

说到这里有人还是会觉得，脾气好的领导起码对自己和颜悦色，每天工作都能获得好心情，这有什么不对吗？难道干事业就非要每天被人虐吗？别忘了，所谓好脾气的人，不是只对一个人脾气好，而是对几乎所有人都脾气好。前几年顺丰快递员被人殴打后，老总王卫的反应是什么？他第一时间发表了措辞强硬的声明：“我王卫向着所有的朋友声明！如果这事我不追究到底，我不配再做顺丰总裁!”

这回明白了吧？有脾气的领导，不光是对你发火，对欺负你的那个浑蛋更会深恶痛绝，因为他们有自己的原则和底线，打破原则必然雷霆震怒，触碰底线了必然还以颜色。相反，你迷恋的好脾气领导呢？他们往往没有原则和底线，你被欺负了，他们只能劝你忍一忍、想开点，甚至会对欺负你的浑蛋同样报以微笑，因为人家脾气好。

明辉在一家电器公司做销售，他有一个很多人为之羡慕的“好领导”：说话从来不大声，没跟任何人红过脸。可是，明辉干了三个月之后还是辞职了。别人问他为什么，他说因为领导脾气太好。有人以为明辉有受虐狂倾向，然而明辉道明原委之后大家才如梦初醒。

原来，明辉所在部门竞争非常激烈，不少销售为了提升业绩会从其他人手中抢客户，这样一增一减就拉开了业绩差距。这种行为本来是职场大忌，然而明辉的领导是怎么处理的呢？他笑眯眯地看着气得差点哭出来的下属说：“大家都在一个公司啊，客户给谁不都是一样吗？”结果可想而知，这位好领导对不正当竞争不予追究，于是让更多的人都热衷于抢别人的客户资源，而且越抢越上瘾。那些被抢的受害者心有不甘，也报复式地去抢别人的客户。发展到最后，大家都从暗抢变成了明抢，搞得客户都打电话来问：“昨天来了两个销售都是你们公司的吧？他们背着对方互黑，我都看不下去了!”

让人无语的是，纠纷到了这种地步，明辉的领导还是不想跟下属撕破脸皮，最多也就是口头埋怨抢得最凶的几个出头鸟。可这种毛毛雨似的批评在铁打的利益面前脆弱不堪，窝里横的员工们也不怕领导。最终，销售部掀起了一场旷日持久的内战，没人关心公司的最高利益，大家都在想着怎么把手伸进别人的口袋。这样一个乌烟瘴气的地方，明辉还能待得下去吗？

好脾气不是原罪，问题在于你是谁。如果你只是一个平头百姓，喜欢和稀泥也就算了，可如果你的决策和态度事关别人的收入和前途，那么好脾气就是一剂毒药，迟早会毒死你身边的人乃至你自己。一个领导如果喜欢用佛系的价值观去管理下属，不如去五台山出家来得痛快。

好脾气的领导不仅对下属是不公平的，对公司来说也是一颗定时炸弹，因为他们只会逃避问题、搁置问题和忽视问题，结果就造成问题越来越大，矛盾越来越激烈，直至彻底毁掉公司。不客气地讲，好脾气和领导力往往成反比关系，那些有脾气的领导，都是有主见、有原则的人，他们发火是因为别人做了他们认为不对的事情。至于是否真的不对，你可以和他争辩。但是好脾气的领导压根儿不会给你争辩的机会，他们只会对错误睁一只眼闭一只眼，纵容你不断地犯错误。

有脾气的领导大多是有责任感的，他们也知道发脾气会得罪人，但他们还是选择把话说透，因为他们知道下属的一个错误可能会影响公司的发展，他必须让下属明白这种危害性，所以他们才不顾一切地唱起了黑脸。好脾气的领导就不会这样殚精竭虑地处理问题，他们不发脾气的底气在于，他们知道这些错误不用自己埋单，结果一来二去就把公司给赔进去了。

有脾气的领导大多是追求效率的，员工迟到了会发火，员工晚交报表了会发火，员工翘班会发火……这不是他们处处针对某个人，而是他们深知这些不经意的小错误会演变为大错误，从而拖累公司的整体运营效率。好脾气的领导才不会如此心急，他们认为这些错误无关痛痒，发一次脾气伤害的是自己的心肝肺，何苦呢？结果会怎样？下属受不到批评，就会继续我行我素甚至变本加厉，这样的工作纪律能产生高效的执行力吗？

归根结底，有脾气的领导不满足于现状，所以他们总会发火；而好脾气的领导缺乏进取心，对什么都能忍，结果忍来忍去搭进了公司的前景和员工的前途。

如果你爱一个人，就把他交给一个有脾气的领导，因为他会获得成长。

如果你恨一个人，就把他交给一个好脾气的领导，因为他会快乐致死。

6. 管控情绪能力最差的是孙悟空

有人说，《西游记》里的师徒五人，孙悟空代表了人的心，猪八戒代表了人的情欲，白龙马代表了人的意志力，唐僧代表了人的肉身，沙僧代表了人的本性。显然，孙悟空充满好奇心和探索欲，被吴承恩称为“心猿”，果然是够随性烂漫的，不过，也正因为孙悟空处处跟着心走，导致其情绪管理能力很差。

我们先来看孙大圣进入天宫之后的一段“不堪回首的往事”。

孙悟空被招安之后，玉帝给他安排了弼马温这个职位，然而大圣一介山野村夫，如何知晓这是何等官职呢？于是还兴冲冲地走马上任，以为自己升官发财了，直到偶然一次和众人喝酒时，孙悟空问：“我这弼马温是个几品官衔？”大家都说“没有品从”。孙悟空以为没有品就是品大得没边儿的意思，结果人们告诉他：没品就是未入流。这下，孙悟空大发雷霆："这般藐视老孙！老孙在那花果山称王称祖，怎么哄我来替他养马？此乃后生小辈下贱之役，岂是待我的？不做他，不做他！我将去也！"随后推倒公案，掏出如意金箍棒，一路大打出手返回了花果山。

这是一个很典型的情绪管理失控的案例。

我们先来看看孙悟空因何生气。因为弼马温是不入流的小官。那么问题来了，这是玉帝骗他的吗？当然不是，玉帝从来没有说弼马温是大官，只是孙悟空从来也没问而已，一个地上的妖猴转正为天宫仙官，这种人事安排完全合理，但是孙悟空却认为自己一上天庭就应当官拜王侯，还当着众人面说出"藐视老孙"的话，这是对领导的不敬。但这不是最要命的，最要命的是那句"称王称祖"，这是最高领导人最忌讳的。发泄完情绪之后，孙悟空使用金箍棒直接打出去而不是溜出去，就是和领导公然决裂了。

从职场情绪管理的角度看，孙悟空有三点做得失败：第一，盲目乐观。孙悟空在入职前只顾着高兴自己有工作了，而没有考虑到入职之后该怎样约束自己以及如何适应天庭的生活，这是对自我情绪管理的缺位。第二，不爱岗敬业。既然有了差事，孙悟空却不去研究弼马温的工作属性，而是随心所欲地放养，把工作当成娱乐，又冲撞了比他官职高的老爷们，缺乏隐忍力。第三，过于刚愎。孙悟空对自身评价过高，总觉得一上来之后就应当受重用而不是进基层，这是一种狂妄的自大，而且通过一番怒斥表达出来，随便哪个领导知道了你那点小心思，也不会对你委以重任了。

有人说，孙悟空此时野性难驯，有点情绪实属正常。那么被压在五行山下五百年之后，这猴脾气就改得了吗？

我们再来看看孙悟空的另一段“心酸历史”——三打白骨精。

保护唐僧西去，这是孙悟空完成自我救赎的重要任务，唐僧肉眼凡胎，心慈手软，对山匪不忍下手，这是他的身份、经历、眼界决定的，算不上过错，孙悟空也早早就领教了。那么，在孙悟空发现白骨精变身农妇去欺骗唐僧的时候，他是怎么处理的呢？根据《西游记》原文，孙悟空是这么说的：“师父，你那里认得！老孙在水帘洞里做妖魔时，若想人肉吃，便是这等：或变金银，或变庄台，或变醉人，或变女色。有那等痴心的，爱上我，我就迷他到洞里，尽意随心，或蒸或煮受用；吃不了，还要晒干了防天阴哩！师父，我若来迟，你定入他套子，遭他毒手！”

说服唐僧的确是个技术活，还得顶着被念紧箍咒的风险，但这并非完全办不到的，关键看你的表达能力和情绪控制能力。孙悟空至少可以这样说服唐僧：荒山野岭，陌生人施舍的东西恐怕有诈，等老孙化缘回来师父再吃不迟。可孙悟空是怎么说的呢？他先是把自己吃人肉的黑历史说了出来，虽然是剃度之前可以不算数，但对一个连人参果都怕的唐僧来说，这段经历绝不是加分项，完全不顾对方是得道高僧的感受，由着性子跟唐僧讲道理，哪还有说服力呢？

但这还不是最严重的。

孙悟空劝说不力，唐僧坚信白骨精是个好人，这让美猴王觉得老和尚漠视自己的江湖经验是一种不屑，于是恼羞成怒地说了这么一段话：“师父，我知道你了，你见他那等容貌，必然动了凡心。若果有此意，叫八戒伐几棵树来，沙僧寻些草来，我做木匠，就在这里搭个窝铺，你与他圆房成事，我们大家散了，却不是件事业？何必又跋涉，取甚经去！”

出家人四大皆空，这是最基本的要求，更不要说唐僧这种金蝉子转世的活佛了，孙悟空用儿女私情去揶揄一位高僧外加顶头上司，这是一件绝对损人不利已的事情，结果怎么样呢？唐僧只能认为孙悟空已经站在自己的对立面，他说什么对方不会听，而这个乖戾的徒弟说什么他也不会信，最终将这位“暴徒”逐出师门外加一顿紧箍咒。

根据科学研究，人类大脑中主管情绪的是边缘系统，也是人类进化过程中最古老的系统，而进化进程更慢的大脑皮层是负责认知的，这足以证明控制情绪比控制认知更重要。让我们假设一下，如果孙悟空智商低、情商高，他无法在第一时间说服唐僧，但起码能保证不得罪师父，让师父保留对自己的信任。这样一来，哪怕耍个小动作也能把唐僧从妖精身边拉过来。然而事实是，孙悟空智商不低，情商却不高，根本耐不住性子劝说师父，反而在极短的时间内造成双方关系恶化，这就是不懂情绪管理的恶果。

人的一生一如西天取经，路上会遇到愿意施舍的善人，也会遇到披着画皮的妖怪，你无法预先制订解决方案，但是你能够给自己的情绪管理做出预案——无论遇到什么情况都不要慌乱。特别是像孙悟空这种需看人脸色的，纵然受了委屈也不要和顶头上司硬碰硬，而是要管理好情绪，用迂回婉转的方式去劝说对方。

负面情绪不可怕，释放情绪也在情理之中，可怕的是不懂得发泄的对象和时机。

一个能控制住坏情绪的人，比一个能翻越高山的人更强大。正如人们所说：我们花了几年的时间学说话，却要花一生的时间学会闭嘴。情绪管理首先需要的是让自己平静下来，不要急于开口表达，而是预判自己的言行是在接近目标还是远离目标，然后再考虑如何应对，这才能给自己留有转圜的空间。

情绪管理就是帮助你掌控社交的回旋余地，当你进可攻、退可守时，也就掌控了翻盘的机会。

第五章

内在激励，让压力变动力

1. 除了忧思恐，你总要有一样爱好

美国内华达州的一所中学，在入学考试时给新生出了一个题目：比尔·盖茨的办公桌有五个上了锁的抽屉，抽屉外面分别贴着财富、兴趣、幸福、荣誉、成功五个标签，然而盖茨只带一把钥匙出去，其他四把锁的钥匙放在抽屉里，那么他携带的是哪一把呢？其他四把钥匙又锁在哪个抽屉里？平心而论，这是一道十分虐智商的题目，当时有一位刚到美国的中国学生参加了考试，因为他根本无法判断这是数学题还是哲学题，所以干脆将这道题空了下来。考试结束后，学生找到了他的担保人请教答案。担保人说这是一道智能测试题，本身并没有标准答案，每个人都可根据自身的理解回答，老师会根据他们的回答结果给出一个分值。后来成绩公布了，中国学生得了5分——满分是9分。学生感到很奇怪，老师告诉他，虽然他没有回答一个字，但说明他是诚实的，因为他没有胡乱

去做解释。让学生百思不得其解的是，他的同桌认真回答了这个题目，却只拿到1分。同桌的答案是：盖茨每天带着的是财富抽屉上的钥匙，其他钥匙都锁在这个抽屉里。同桌觉得很委屈，就写信给比尔·盖茨询问答案，比尔·盖茨在回信中写了一句话：最感兴趣的事物上，隐藏着你人生的秘密。

盖茨并没有直接点破真相，但是他做出了暗示：人的一生需要培养一个兴趣，这个兴趣可能无关财富，无关荣誉，但是对你的人生有着重要意义，人们不能因为它无法直接创造财富而轻视它。

人生最大的幸福，就是拿出一部分时间挥霍在你感兴趣的事情上。

兴趣爱好到底有多重要？可能有人会说，不能换钱就没什么用。这倒是一句大实话，兴趣爱好不能直接换成钱，但是能给你换来机会。有一项调查显示，那些从小就坚持某种爱好的人，长大之后会将这种爱好转变为核心竞争力。

莉莉在单位里深受大家欢迎，和她同一批进公司的人还在琢磨着未来的升迁计划时，莉莉已经成了部门主管，这种坐着火箭上升的速度让大家从羡慕变成了嫉妒，最后成为恨。人们开始逐个分析莉莉成功的原因：靠背景？貌似不是。靠能力，肯定不能！最后排查半天得出了一个结论：会聊天。这个结论更让人摸不着头脑了，毕竟都在职场混，谁还不会聊个天呢？但是有人马上说了："莉莉聊天可不是跟别人闲聊，是真能聊出内容来。你们能行吗？"

聊天不仅是说话的艺术，更是知识的积累。拿莉莉来说，她喜欢看古典名著，所以能和项目组长大侃红学，大谈刘心武；她喜欢探险，所以能和副总经理谈论最新出品的巴克户外直刀……这还仅仅是会耍嘴皮子的技巧吗？如果你是一个门外汉，你也只能乖乖当一个听众，很难和对方产生深度的共鸣。

后来，有人暗地里问莉莉，为什么会培养那么广泛的爱好，莉莉说，她的大学老师跟她说过一句话："人的一生中要有一个不以此谋生的职业。"

其实，莉莉老师所说的"职业"，就是兴趣爱好。兴趣能够让我们从主观上积极地寻找、认识以及掌握某项事物，并乐在其中。兴趣爱好越广泛，你就越容易打开聊天的僵局，即便是第一次见面的人，只要摸准对方的爱好，就能迅速和对方拉近距离，而且你还可以通过一个爱好了解一个人的性格、思想和内心世界。莉莉正是通过广泛涉猎，搞好了和大多数人的关系。有了共同的兴趣就能进一步建立信任和亲密关系，下次遇到她自然愿意和她再聊个昏天暗地。一来二去，莉莉在公司里变身为万能人肉聊天软件，她拥有了比别人更多的交流机会：她通过侃红学知道了项目组长是一个敏感多疑的人，所以在做计划时经常增加批注，还会同时做两套方案，让组长非常满意；她通过和副总经理聊户外装备，知道了他欣赏敢想敢干的性格而不是小心谨慎的作风，所以就会在他面前表现出这些特征。不仅如此，莉莉通过和别人聊天，也让更多的人了解了自己：项目组长知道莉莉从上一个公司带来的客户资源，于是把一个百万级别的大单子给了她；副总经理知道莉莉英语口语能力过硬，于是把一个和外商谈判的机会给了她。凭着这样环环相扣的推进速度，莉莉只用了一年的时间就升职了。

现在的人活得看似很精明，其实是功利心太重产生的假象。很多人将精力都用在钻营上，钻营人际关系，钻营致富宝典，钻营老板的心思……结果如何呢？因为这些钻营都是一厢情愿的，不是你用了心思就有了人脉，也不是你想赚钱就能腰缠万贯，更不是你揣摩了老板的意图就能获得重用的机会。最糟糕的是，钻营会让一个人变得过于圆滑和市侩，让人面对你的时候不由自主地加着小心，反而不利于建立同盟关系。

那么，什么样的特质才能让人感觉到真诚？执着。

对一个爱好的长期钻营就是执着。执着才会让人变得可爱和真实，才会让别人产生亲近感。如今不少人为了生计整天忧心忡忡、思虑万千、恐惧感强烈……这是生活压力所致，情有可原。但造成这种心态的另一个原因是，人们太看重结果，太急功近利，对不能马上转化为经济效益的兴趣爱好舍不得投入时间和精力，于是每天都悬着一颗心忙于算计，这样只能增加紧张感。

当一个人有了健康的爱好之后，就会变得充满活力，让人们愿意与之交流，人际关系也会变得更加轻松和谐。一个长期专注的爱好能够拯救人的灵魂，这并非是鸡汤，而是工作的必修课：试想一下，当你为了做计划书忙碌一整天之后，回到家里绣一会儿十字绣，不仅能换换脑子，还能从挫败感中获得新的成就感。劳逸结合，岂不美哉？

工作和生活中，总会有一些琐碎之事，也难免会有一些糟心之事，我们的爱好可以扫除这些不快，让我们保持积极乐观的心态，即便在人生的坎途中事业不顺、感情不和，也总能找到一块慰藉心灵的圣地。因为爱好，我们的生命变得更有意义和希望。

2. 跑步拯救的不是身体而是灵魂

如今很多人加入了“酷跑一族”，让跑步从一个简单的有氧运动项目变成了时尚潮流。跑步对健康的好处十分明显，能够降低体脂率，减少血糖含量，以及消除亚健康状态，等等。但是，跑步对人最大的帮助不是获得健康的体魄，而是锻炼我们的意志力、价值观和内心世界。

能够将跑步融入生命的人，基本上是能够严格管理自己身体的人，他们会用自律来鞭策自我。难怪有人说，跑步会让人体验到活着的感觉。

20世纪六七十年代，加拿大有一个名叫特里的年轻人，从小喜欢体育运动，然而在他18岁那年被诊断出骨癌，不得不截掉了右腿。这对于一个热爱运动的人来说是一场噩梦，但是特里没有自暴自弃，他一边积极地接受治疗，一边安慰身边的病友。不过在那个年代，加拿大对癌症的研究投入十分有限，用于治疗的药物也十分匮乏，很多病人无法得到积极的救治，只能默默地等死。特里了解这个情况后，决定为自己和病友们做点什么。有一次，他在报纸上看到一个安装假肢的人在奔跑，这张照片打动了他，于是特里戴着假肢，穿上跑鞋和印刷着“希望马拉松”的T恤衫，开始了慈善义跑，为癌症病人募集捐款。

特里的计划是横穿加拿大。这对他来说极其困难，因为他的左腿每跨出一步，右腿都只能跨出一小步。尽管如此，特里还是坚持每天跑28英里，途经加拿大的每一个城市和村镇，对大家讲述着义跑背后的故事。开始，没有人关注这个残疾的年轻人，但是随着特里奔跑的距离拉长，整个加拿大都知道了他的故事，人们被特里的勇气和意志深深触动，很多人为了见他一面专门在路边等上几小时，大家也纷纷为癌症病人捐款。特里的义跑持续了143天，每个星期只休息一天，其他时间风雨无阻。后来他的癌细胞扩散全身，每天都忍着剧痛奔跑，终于体力不支倒在了路上……特里去世后，加拿大的所有政府部门都为他降半旗致哀。

只活了22岁的特里，用奔跑5300公里的励志故事换来了2400万加元的捐款，这笔钱用于赞助医学研究，帮助了和特里一样的癌症病人。

跑步对一部分人来说或许只是一项运动，但是对于心怀高远目标的人来说，它是一项需要投入意志力、热情和信念的事业——关键在于你如何看待和利用它。因此，跑步的意义并不局限于身体，更是对灵魂的一种修炼。

跑步能够让大脑分泌大量的内啡肽，内啡肽能够让人产生快乐兴奋的感觉，这对于忙碌了一天也郁闷了一天的人来说，无疑是比美食良药更有价值的东西。我们与其用理智消灭不良情绪，不如用跑步产生的内啡肽驱走积郁已久的负能量。当我们奔跑在宽阔的道路上，抬头仰望蓝天，心情就会得到最大限度的放松，如同面朝大海一样能把心放空。心胸豁达了，再烦心的事也就能看开了。要想让灵魂兴奋，首先让身体兴奋。

跑步能够让你结交更多志同道合的朋友，因为共同的兴趣相识，能够最大化地屏蔽利益纷争，比脆弱的办公室友谊不知好多少倍。朋友多了，我们接触和了解的事物就多了，我们会增长见识，具有独立思考的能力。现在人要么整天泡在公司里，要么宅在家里，结识新朋友的渠道和机会越来越少。通过跑步能扩大社交圈子，还能培养长期稳定的社交关系，潜在价值不可估量。

跑步能够磨炼心性。读万卷书不如行万里路，看书虽然能学到不少知识，但对一个人的心性修炼没有太大帮助，但是出出汗、过过马路、聊聊天就不一样了，能够更全面地强化我们的各种技能。事实上，读书多了，人很容易变成思想的巨人和行动的矮子，但是让自己跑动起来，我们就会变成行动的高个儿和思想的巨人。跑步能够让人养成执行力，也就间接养成了坚韧顽强的品格，还能重新点燃深埋已久的激情。而且，日积月累的跑步会让人养成自律、自信和自强的品格，这些都是在工作和生活中不可或缺的优秀特质。一个自律的人是难以战胜的，一个自信的人是永远打不垮的，一个自强的人是让人尊敬的。另外，跑步会让我们增强做事的专注力，一个人知道有所为有所不为，就会懂得利用时间，珍惜生命。

能把跑步坚持下来的人，总会在某件事上获得成就，因为他已经习惯了去克服困难，习惯了去追赶前路的风景，不会半途而废。一个人一旦养成了这种思维方式，距离成功会越来越近。

村上春树从33岁开始跑步，如今已经坚持了三十多年，他还创造了3小时27分的马拉松个人最好成绩——每公里只需要5分钟就能完成。村上春树说，一个人专注于某件事的时候，就会把它当成生命的组成部分，内心会产生坚定的信念，有了信念就有了动力，就会督促自己去完成一件事。或许正因为有了跑步这个爱好，才让村上春树在文学道路上同样保持专注，成为几十年来诺贝尔文学奖的热门候选人，据说，他创作小说的很多方法都是在跑步中学习到的。

如果你只坚持跑步一天，那肯定看不出任何效果；如果你坚持跑步一个月，变化也是很小的；如果你能坚持跑步一年，体质的增强就会很明显；如果你坚持跑步了几年，那么你的人生态度、性格都会发生变化，而这才是跑步和不跑步的最大区别。如果你能像村上春树那样坚持几十年，那么你很可能会站在一个别人无法企及的高度，因为你的人生时刻准备着出发。

跑步能够让人生发生重大转变，能够让自己变成一个与众不同的人，和被嫌弃的过往道一声再见。只有爱上跑步的人，才懂得健身之外的其他意义，如果你不信，请放下手机出去跑几圈。

3. 失眠，恰恰是身体对你的提醒

一个成功人士忽然觉得身体不适，被家人送去医院抢救，却死在了手术台上，他带着无尽的遗憾上了天堂。成功人士觉得自己死得很冤，气呼呼地问上帝，为什么不提前告诉他，如果提前说了他还可以把很多事情做完。上帝十分无奈地说："我可怜的孩子，我曾经提醒过你三次，并不是忽然让你离开的。"成功人士一听就蒙了："你什么时候提醒我的？"上帝回答说："第一次是你腰酸背痛的时候，第二次是你失眠的时候，第三次是你牙齿脱落的时候……你怎么能说我从来没提醒过你呢？"

很多时候，我们会忽略自己身体上的某些变化，认为那是无关紧要的，结果就在不经意间错过了最重要的生理信号，这是因为我们很多人都疏于进行健康管理，由此酿成了悲剧。

失眠是现代人的通病，除了那些因为工作需要而加班的人必须熬夜外，还有一些人是因为患上了失眠这种“时尚病”。

失眠具体可以分为三种情况：一种是入睡比较困难，一种是睡不踏实，还有一种是中途醒来之后就睡不着。所以，失眠是一个涉及精神和肉体的复杂症状。可惜的是，很多人对失眠这个信号熟视无睹，认为没什么大不了的。

这就是目前国内忽略健康管理的普遍心态。

健康管理是20世纪50年代由美国人最先提出的概念，它是指用来预防和控制疾病的发生和发展、保证生命质量、减少医疗开支的管理思想和手段。如今，美国的健康管理发展很快，差不多有7700万人在健康管理组织中享受医疗服务，而健康管理计划享用者超过了9000万。无独有偶，在世界知名的长寿之国日本，很多人终其一生都在进行健康管理，所以他们能够及早地发现身体潜在的问题，延长寿命。

现在你还觉得健康管理没什么用吗？当然，有的人不是不重视健康，而是觉得健康管理太专业。其实广义的健康管理并不局限于血压、心肺功能的测量，而是对我们日常生活中和健康有关的信号的捕捉和判断，只要拿出一点时间去培养这种能力，任何人都能变成自己的私人医生，也能提高自我管理的意识和水平。

健康管理以控制健康危险因素为核心，对可变和不可变的危险因素进行判断，比如，不合理的饮食、酗酒吸烟等不良生活方式，以及失眠多梦等身体异常情况。而且，健康管理不仅是一个概念，更是一种工作方法以及一套完备的思维方式，能够让我们关注健康、恢复健康以及维护健康。预防医学研究发现，一个人如果在预防上投资1元钱，就能节约8.59元的医药费，还能够节省100元钱的抢救费、误工费等等。

有一位还不到40岁的亿万富翁，患有心肌梗死。他的心脏很薄，只有2毫米，比正常人要少8毫米，这导致他连咳嗽都不敢，因为咳嗽可能导致心脏破裂。富翁认为这很不公平，就找到一位医学专家诉苦，专家了解了他的情况后开导他：“你不要觉得不公平，因为你违背了健康规律，每天大吃大喝，出门就坐车，上二楼也要坐电梯，喝酒抽烟更是没有节制，而且还有一堆情人，赚到钱就手舞足蹈，赔钱就捶胸顿足，每天晚上都在想怎么对付竞争对手，结果想来想去彻夜难眠……其实在健康面前人人平等，谁违背谁就要遭到惩罚。”

既然健康管理不能忽视失眠这个信号，那么失眠产生的根源是什么呢？虽然失眠的成因比较复杂，但是对大多数人来说，还是因为情绪管理出了问题。想要获得良好的睡眠，必须调节好心态，不然单靠健康管理是远远不够的。

负面情绪是失眠的罪魁祸首。当我们躺在床上准备入睡之际，正确的做法是保持平静的心情，让身体和大脑都放松下来，由此慢慢进入睡眠状态。但是，如果人的情绪被紧张、担心、憎恨、抑郁等负面情绪包裹，大脑和身体就无法进入轻松状态，反而进入一种高速运转的状态，神经高度兴奋，这样如何能睡得着呢？即使有的人强迫自己入睡，但是大脑的潜意识还是兴奋的，所以进入的是浅度睡眠，外界稍有风吹草动就会醒过来，再想入睡会难上加难。当你失眠了一个晚上，第二天必然无精打采、情绪低落，到了晚上再次入睡时会继续被负面情绪干扰，开始了新的失眠。遇到这种情况，我们要加强情绪调节能力。如果临睡前不易做到，那就趁着白天多做一些改变情绪的事情，比如和身边的人愉快地交流，比如全神贯注地进入工作状态……总之，远离那些产生负面情绪的温床，让我们打破恶性循环。

不良的心理暗示是失眠的诱因。人的大脑皮层的高级神经活动有兴奋和抑制两个过程，当我们害怕失眠想要尽早睡觉的时候，因为我们的脑子里不断强化这个念头，结果会让大脑变得更加兴奋，反而不容易入睡。既然如此，当我们失眠的时候千万不要去强化“今晚早点睡”这个念头，而是自然地躺在床上，排除一切负面的暗示信号，尽快回归健康入睡的正轨。

自责是失眠的偶发性因素。很多人因为工作或者生活中的一次失误而感到愧疚，而这种状态往往会持续很久，但是因为白天太忙无暇去想，所以到了夜深人静时就会再次想起，让大脑反复重演自己失误的过程：上午我为什么要给领导提意见？下午我为什么不帮助同事做标书？这种重播节目放多了，自责感会越发强烈，接下来就会纠结于“如果我当时没有那么说或者那么做，结果就会完全不一样了……”如此纠结于几个问题，大脑只能越来越亢奋，很难找到入睡的感觉。面对这种情况，我们要做到两点：第一，告诉自己发生过的事已成事实，但是我们能够用后续的行动改变它；第二，我可以在明天上班的路上想想怎么改善和领导、同事的关系。通过安抚自己的方法，让波动的情绪趋于平稳，就能尽快入睡了。

灰暗的记忆是失眠的隐藏诱因。有些人因为在童年遭遇了不幸事件，比如至亲去世或者遭受虐待、冷暴力，这些都会在幼小的心灵中埋下心结，所以每当生活或者工作不顺利，都会想起这些往事，大脑就会受到强烈的刺激，进而失眠。童年经历是我们无法改变的，所以我们要学会正视它的存在：正因为经历那些，我才成为今天的自己，一个我还不算讨厌的现在。用这种方式进行自我激励，直接关闭“回忆杀”的闸门，就很难再和今天经历的事联系到一起了。

归根结底，我们提倡的健康管理，本质上依然是情绪管理，对于失眠，的确有生理上的某些因素影响，但是如果情绪低落，即便我们服用最先进的药物，也不能从根本上解决问题。彻夜难眠是一种心病，而心病还需心药医。

4. 时间管理：越忙才越要慢慢来

1930年，胡适在一次毕业典礼上给即将毕业的学生留下一句话：珍惜时间，不要抛弃学问。胡先生把时间放在第一位，其实是在暗示不懂得掌控时间，也就没有积累学问的可能。

从小到大，我们都被父母和老师告诫要珍惜时间，要合理利用时间，然而能真正做到的人并不多。

时间对任何一个人来说，都具有非同寻常的意义。不看时间，你可能会上班迟到，你可能会把菜烧煳，你可能会错过和爱人相见……换句话说，人要有时间感，它能让我们在做事时产生紧迫感，所以才能更合理地利用时间，于是在时间感的概念之外又诞生了一个新名词：时间管理。

一个懂得时间管理的人，才可能拥有成功的人生；一个善于时间管理的企业，才可能在市场竞争中占据主导地位。什么是时间管理？时间管理探讨的是怎样减少时间的浪费，高效率地完成既定目标。

一个名叫格里的人，在一家名叫威格利南方联营公司的企业里做了二十多年的总经理，这家公司是美国最成功的超级市场之一，由于业绩突出，格里获得了很多引以为傲的荣誉称号，于是有很多人试图从他身上学习到成功的秘诀，后来发现：格里的成功之道在于时间管理。格里有着十分详细的工作历程记录，上面记载了很多工作项目，它们编织成一张由时间节点组成的“大网”，帮助格里安排制订计划、组织管理、项目授权等多个环节的工作，他的时间管理理念得到了行业内大部分人的认可。格里以时间为轴线，他的才能和经验就有了发挥的方向和尺度。

我们每做一件事之前，最好细致地列出一个时间表格，记录需要做的事和已经完成的事。等到一段时间过后，我们再来回顾这些事情做得怎么样，通过回顾能够有针对性地预防一些常见的干扰，提高时间的利用效率。

时间管理是通过技巧和技术层面的因素，加快人们完成任务的速度和效率。当然，时间管理也不是逼着你把手头上所有的事情都一鼓作气地做完，而是把要做的事情排列先后顺序，紧急的马上做，不紧急的先搁置，没必要的干脆不做。因为时间管理不可能做到对时间的完全掌控，只有通过减少可变性进行控制。

现在人与人的竞争不单纯是能力的比拼，更是对时间利用效率的较量，因为在同一个层面竞争的人，很难说谁的能力会甩谁几条街，那么谁能养成良好的时间管理能力，谁就能在竞争中占据不败之地。

时间是一个人最根本的资本，具有不变性、不可存储性、不可替代性以及伸缩性四个特征。不变性是指时间不会随着人们的意志而改变，不可存储性是指时间不可违逆，不可替代性是指时间是唯一的衡量存在，伸缩性是指时间存在着利用效率的不同。

从时间的四个基本属性可以看出，如果一个人能够抓住时间的规律有效利用，就可以在相同的时间内创造超额的价值。

有些人虽然从早到晚忙忙碌碌，工作效率却不高，这是因为他们将时间浪费在一些毫无意义的事情上，在没有考虑必要性和可行性之前就盲目开始，结果既耽误了正常的工作进度，又白白消耗了精力和资源。如果他们能在工作前做好周密的计划，就能避免做无用功。

还有一些人时间管理能力很强，但是他们不懂得拒绝别人，会因为帮助别人做额外工作耽误了时间。我们虽然提倡团队精神，却不是让你把时间无条件地分给别人。因为时间是最宝贵的资源，也是最平等的资源，区别在于成功者能够有效利用，平庸者只能白白浪费。有的人时间总是不够，是因为他们没有高效地利用，结果又来剥夺你的时间，对于这种求助我们必须谨慎。

古语有云：两耳不闻窗外事，一心只读圣贤书。一个人要想专注做一件事，就需要集中注意力，屏蔽不必要的干扰，把那些不重要或者不必要的事情往后推。不要幻想着事无巨细，也别追求尽善尽美，要学会在百万大军中取上将首级——抓住重点，节约时间。

为什么有的人整天忙忙碌碌，却丝毫不见事情被解决呢？这是因为他们始终没有优化工作方法：干扰太多，流程太复杂。在信息传递领域有一个理论是：传递的中转环节越多就越容易使产生信息的准确性下降。有一个小故事曾经描述了这种状态：一个农户养的鸡下了一个蛋，这个消息传到第十个人口中竟然变成了农户家里的公鸡下了一百个蛋。所以，要想提高时间的利用率，就要简化工作流程。

在一座山上住着一个武艺高强的剑师，很多人都想跟他学习剑法，但是剑师对收徒要求很严，不少人是慕名而去败兴而归。一天，有兄弟俩来到山上，想要跟剑师学习剑法。剑师得知他们走了很远的路，不忍心直接赶走，就让他们暂时住下来。不过哥哥被安排到山的南边，弟弟被安排到山的北边。因为山上没水，所以哥哥每天从山下的河里挑水送上去。他认为剑师是想考验谁更能吃苦，于是来回挑了几大缸的水。过了一段时间，哥哥忽然意识到，他从没看过弟弟下山挑水，就好奇地来到他的住处，结果发现弟弟在练习剑法，身边有一口刚打不久的水井。这时，剑师走过来对两兄弟说：“学习剑法要掌握诀窍，这样才能在同样的时间内比别人进步更快，我决定留下哪一个，你们知道了吧？”

显然，哥哥就是那种每天忙忙碌碌却不懂得时间管理的人，他从没想过自己消耗的时间是否可以用其他办法节省下来，而弟弟则知道优化工作流程，节约了不必要的工作量而用在更重要的事情上。

时间用在了什么地方，其实是看得见的。既然看得见，我们就要反思自己是否辜负了时间。英国作家赫胥黎说过：时间最不偏私，给任何人都是24小时；时间也最偏私，给任何人都不是24小时。

时间管理看起来枯燥晦涩，然而一旦付出行动就会发现其乐趣所在：你会忽然发现自己的时间变充裕了，能够把事情完成得更出色，获得前所未有的成就感。我们生命的长度是有限的，我们只有拓展生命的宽度才能创造更多的精彩。

时间到底是黄金还是粪土，其实掌握在你的手里。

5. 精力管理：你只是看起来很努力

都说时间就像海绵里的水，挤一挤总是有的。不过，在快节奏生活的今天，时间再怎么挤也是有限的，因为海绵不会变成水。有人说，我会时间管理，然而时间管理只是一个战略规划，并不是战术计划，你会时间管理，别人也会，所以需要在效率上超过他人，必须启动精力管理。

有人以为精力是一种生理能力，到了一定年龄就会精力下降。事实并非如此，精力来源于身体，但身体的状态是劳逸结合的成果，而这个是和年龄大小无关的。有些人过于追求事业，忽略了情感关系的维护，这样看似是在节约时间，其实是在消耗精力，因为精力由积极的情绪、正确的思维、充沛的体能和顽强的意志等因素构成，一个感情世界如同荒漠的人，是很难保持高亢的工作劲头的。现在一些企业的老总拿出专门的时间去维护家庭关系，如亲子时间、夫妻约会时间，等等，后来发现自己的工作效率提高了，这就是通过经营情感生活提升精力的表现。

有一些人错把时间管理当成精力管理，将要做的工作都排列出来，然后按照顺序依次完成，这样做看似很有规矩，实际上并没有获得休息的机会，无益于精力的保留和汲取，反而会越规划越忙乱。

《黄帝内经》中有一句话："上古之人，其知道者，法于阴阳，和于术数，食饮有节，起居有常，不妄作劳，故能形与神俱，而尽终其天年，度百岁乃去。"这段话告诉我们，人需要通过合理的作息养蓄精力，这样即便活到100岁还能精神抖擞。

人的精力如同电池，需要在电量耗尽之后再次充满，如何协调作息是精力管理的核心，而时间管理只负责在精力饱满的前提下合理安排工作计划。反过来看，当一个人精力耗尽之后，再科学的时间管理也会失去效果，因为你的电能已经不足了。

有一种精力管理的方法叫作番茄工作法，就是工作25分钟休息5分钟，这样才能周期性地补充精力，让精力释放和补充，让我们的身体和心理获得平衡。正如人们常说的，会休息的人才会工作，说到底就是他们懂得保存精力的重要性。

2002年世界杯预选赛亚洲区十强赛，中国队对阵卡塔尔队，这是关系到中国队能否进入世界杯的重要之战，全国人民都在关注这场比赛。然而赛前几天，主教练米卢竟然丢下球队，带着家人去墨西哥海湾度假去了。媒体和大众一片哗然：如此重要的时刻，主教练不带领球队训练竟然独自享乐？于是，各种指责声和批评声接踵而至，有人试图把米卢劝回来，然而米卢却一脸惊讶，他说休假是在合同里写好的，他不会因为比赛而放弃休息，对他来说休息非常重要。不管外界如何指责，米卢还是没有放弃休息，当他带着墨西哥湾的气味归队时，距离比赛只有不到48小时了。结果，这一战中国以3比0大胜卡塔尔，获得了出线权。

米卢敢在风口浪尖上安心度假，这正说明他深谙精力管理之道，他知道自己什么时候需要休息，也知道不休息将会带来的可怕结果。墨西哥湾的海风给他送去的是必胜的意志、乐观的情绪、充足的体力和冷静的思维，从而带领中国队创造纪录。

换个角度看，精力管理就是让一个人在舒适和焦虑中寻找一个结合点。在这个点上不会疲劳，也不会松懈，所以才能在适当的压力下将才干发挥到极致，也就是心理学上说的“最佳焦虑”——让舒适感再减弱一点，压力再多一点。

一个人如果每次做事之前都要思考一下，往往很难将这件事坚持下去。精力管理和时间管理的最大不同在于，精力管理更容易成为一种行为习惯，而时间管理是一种头脑中的计划。人是习惯造就的，人的95%的行为都是一种自动反应，而精力就是这种反应的原动力。我们遇到的问题越大，越容易依靠习惯去解决问题，这个远比自律的作用要强。也就是说当复杂、琐碎的事情出现时，没有几个人有时间去做时间管理，而是依赖精力管理自动地调整状态去完成任务，而这个习惯是在平时的精力管理训练中养成的。

只有养成良好的工作习惯，才能够保证精力用在更重要的事情上，把那些不重要的事情直接划掉，这是一种比时间管理更残酷也更具有淘汰性的选择，也能最大限度地集中注意力。比如，在长途自驾的过程中，你的注意力会被分散在很多点上，有正前方的视角，有侧视镜的视角，还有对方向盘、变速杆、油门的关注和控制，甚至可能听着对你有导向作用的广播，如果突然迎面冲出一辆大卡车，你的注意力就应该集中在方向盘和刹车上，自动屏蔽其他事情，这是精力管理。如果没有突发事件，只是需要你合理计划自驾的目的地，那就是时间管理，它不会逼迫你马上做出选择，也不会让你付出严重的试错成本。

精力管理不需要自律发挥作用，因为自律需要大脑对客观信息进行加工，太过依赖主观思考能力，不利于我们快速地做出选择。有人认为不假思索会造成错误选择，事实并非如此，心理学家研究过，人们在本能驱动下进行的感性选择，其错误率并不高于所谓的理性选择。比如人们在面对天灾人祸时的逃生反应，这些基本上不依赖于大脑思考，也正是因此人类才存活至今，而精力管理就是把人的价值观和目标感有效地转化为行为。

很多优秀的人都有一个共同点：能够坚持良好的习惯，比如，早起、在固定的时间工作和运动等。所以人们常说，优秀是一种习惯。养成良好的习惯不仅能让一个人变得更加出色，还能帮助一个人最大限度地节省精力。一个人如果不能养成良好的习惯，那么就要花费大量的时间去思考“我现在该做什么”，这样只会白白浪费脑力和体力。比如，你想要每天都学习会计知识，如果没有养成固定时间段学习的习惯，就只能运用时间管理去安排时间，而这种行为本身就是对精力的损耗，远不如一到固定时间就进入学习状态更好。

精力管理的最大作用就是确立积极的目标，减少负面情绪和思想的干扰，让我们为人生导入全新的可能。如果不懂得精力管理就会被很多外在因素干扰，会限制一个人精力的释放。精力管理是具体的战术制定，能够产生高效的生产力。精力管理关注的不是时间，而是效率、快乐和健康。人的时间和精力都是有限的，所以我们必须有保留地使用，有技巧地补充，运用科学的作息方法来调整身体和心理达到最佳状态，这样才能跟上高速发展的社会节奏。

6. 自我怀疑，不失控才是硬道理

在你身边可能会有三种人。

第一种人很具有鸵鸟精神，他们喜欢逃避，做事犹豫不决，对那些需要承担责任的事情都是避之不及，对那些有挑战性的任务更是躲到一边，他们甚至会从各种社交圈里消失，拒绝和别人来往，因为他们担心自己被比较下去而产生自卑感，只有远离众人才能避免自卑。第二种人很像无骨鸡，他们没有主心骨，缺乏健全的心理机制，需要通过别人对自己的关注和肯定来增强自我认知，否则就会觉得自己没有价值，他们不会远离人群，反而会凑上来打探大家对他的评价。第三种人很像马蜂，天然带有攻击性和警备心，拥有常人无法理解的好胜心，只有通过不断地打击别人才能证明自己的价值。

其实这三种人都有一个共同的名字：自我怀疑者。

所谓自我怀疑者，通常都有自卑情结或者自卑感。自卑情结是一种长期存在的心理纠葛，而自卑感则是短时间内产生的感觉。当然，自我怀疑并不是洪水魔兽，一个不会审视自己的人，很难认识到自身的不足，更难获得成长。

有一次，苏格拉底在上课的时候拿出一个苹果，让学生们闻空气中的味道，马上有一位学生说他嗅到了苹果的芬芳。苏格拉底走下讲台，拿着苹果慢慢地从每个学生面前走过，让大家都仔细闻闻空气中是否有苹果的香气，有将近一半的学生举起了手。后来苏格拉底又问了相同的问题，这一次只剩下一名学生没有举手，其他学生都认为自己闻到了苹果的芬芳。苏格拉底问那位没举手的学生，难道真的一点气味也没有吗？学生十分肯定地说没有。这时，苏格拉底感慨地向大家宣布，他拿着的是一个假苹果，根本不可能发出香味。

这个怀疑苏格拉底的人就是柏拉图。

在苏格拉底这样的大咖面前，学生们没有怀疑自己的嗅觉是否出了问题，而是一厢情愿地认为老师不会欺骗自己，以至于集体迷失，但是柏拉图却在心里问了自己一个问题：我真的闻到了苹果的香气吗？

怀疑才能让人成长，缺乏独立思考能力的人，往往都是从丧失自我怀疑精神开始，因为他们极度相信自己的感知和判断，所以越来越懒得思考甚至恐惧思考，更不会采取任何自我怀疑的行动。

据说在华为内部有一个很有趣的游戏：公司选出一部分人扮演红军，另一部分人扮演蓝军，然后通过红军和蓝军对抗的方式为华为模拟一个强大的对手，比如，红军代表着华为，蓝军则代表着假想敌。每当华为开发出一种产品和技术构想时，蓝军会马上提出异议。此时红军需要针对这些异议做出解答，只有将蓝军无懈可击地驳倒才能继续研究，否则就要回头修改，甚至彻底否定。这种自我怀疑的思考方式，让华为在技术研发方面更加谨慎，以明确路径和提高胜算为前提，而不是以创造多大的技术突破为目标，减少决策上的失误。虽然在外界看来，华为这么做有点“被迫害妄想症”的意思，但正是这种自造敌军的做法，让华为在尖端技术领域越走越远。

自我怀疑确实有积极作用，但是如果失控也会变成一场灾难。

当一个人不加限制地自我怀疑时，就会让自己关注的焦点放在一些错误的方向上，比如，将缺点无限放大，将遭受的苦难无限放大，将自己的未来看成毫无希望……于是会产生强烈的挫败感和无助感，就会长期陷入情绪低落的状态中。

很多时候，我们的失败不是无能造成的，而是对自己过度的怀疑和否定，导致我们情绪失常、判断失误、行为失控，最后失败。当我们一直处于失败的状态时，我们会怀疑自己出了严重的问题，如果想不清楚就会永远困在泥潭中走不出来，最终自暴自弃。

那么，自我怀疑的底线在哪儿？在于对事不对人。无论你犯了多大错误，一定要具体问题具体分析，不是一上来就先否定自己，而是应该否定你的方法和态度。有时候我们做不好一件事，并非是能力不足，而是原本就不适合，这也是很多人容易忽视的症结所在。失败没什么大不了的，关键在于不能被它拖垮求胜的信念，更不能因为失败而怀疑自己的价值，我们可以反思自己甚至批判自己，但是要保留我们的核心价值，因为这才是决定我们立足社会、面对自我的根本。

我们来看看一个牛人，史玉柱。

从1995年开始，史玉柱依靠巨人汉卡发家，然后修建了著名的巨人大厦，还成立了服装实业部、化妆品实业部等十几个业务部门，可以说是跨界之王。然而这种多元化投资的弊端终于在1996年爆发出来，当时史玉柱因为投资过多过滥已经囊空如洗，巨人变成了矮子，史玉柱的商业帝国梦彻底破碎。这种失败放在任何人身上都不是小事，史玉柱也认为老天要灭他，但他还是冷静下来去寻找失败的原因。

为了了解自己究竟错在哪里，史玉柱找人把报纸上关于他的负面文章都集中在一起，然后一篇篇地看，试图了解别人对他的失败是如何解释的，哪些文章骂得越狠他看的次数越多，为此他还专门组织“内部批斗会”，让别人向他发难。虽然史玉柱把自我怀疑玩到了新境界，但是他懂得适可而止——他没有怀疑自己的核心价值，他相信只要总结教训就能东山再起。后来，史玉柱跑遍全国各地，甚至来到西藏进行考察，最后穷得身上就剩下了几十块钱，但史玉柱还是乐观地谋划着新的创业计划，他认为一个人只要精神还在就能爬起来。正是带着这种自信，史玉柱没有让巨人集团申请破产，而是继续保留着2.5亿元的债务，把它看成是二次创业的动力。皇天不负有心人，史玉柱凭借脑白金重出江湖，创造了10多亿元的利润，重新回到了商界大佬的阵列中。

人可以怀疑自己，但不能否定自己，因为否定就意味着失控，意味着你是真的失败了。自我怀疑是建立在肯定自我的基础上，而不是打击自己。有些时候，你要相信自己错在没有把握好机会，错在没有认清现实，错在没有急流勇退……而不是把错误都笼统地归结到自己身上，认为自己就是一个废物和庸才。你可以给自己挑毛病，但你不能给自己开出一张死刑通知书。

我们不能把自我怀疑变成一种下意识的行为，而是要学会控制它，让怀疑的焦点锁定在我们的具体行为上，而不是掉头抨击自己，这样对一个人的打击才是致命的。同时，你要勇于面对失败，不要逃避，要从中吸取经验教训，这样才能让自己做得更好，否则将永远失去翻盘的机会。对于你已经认定的目标，不要随意修改，更不能轻易放弃，因为放弃了，你失去的不仅仅是一个结果，更是对自己的认同。我们既要接受外界批评的声音，也要听从内心的自我辩护，这样才能让我们的情绪保持在常态，避免因失控而变得歇斯底里。

人生如白驹过隙，将时间浪费在对自己的无限怀疑上，只能让你越来越憎恨自己，最后迁怒于整个世界，变成一个行走的负能量包和坏情绪收集器。我们可以适度地怀疑自己，也可以适度地批判他人，但不能一票否决你的存在意义，因为你一旦确定这个想法，就不会再有人帮助你，因为是你第一个嫌弃了自己。

第六章

别让自己的爱情，输给了情绪

1. 你那么主动地聊天，对方就会喜欢你了吗？

如今人和人之间的关系真是风雨无常，上一分钟还在卿卿我我，下一分钟就可能老死不相往来。然而越是如此，人们越是渴望被人守护。理想中的恋人并非不存在，只是想要留在身边需要一定的技巧。

爱情不仅需要经营，也需要套路，有的人只知道付出爱或者索取爱，结果什么都得不到。前一秒钟感觉自己活在天堂，后一秒钟就堕入地狱。爱情之所以变得如此难以捉摸，是因为很多人主观地认为这是一个等价交换的事情，然而事实并非如此，你的主动未必能换来对方的积极。

一个人喜不喜欢你，在于他是否愿意主动和你聊天。一个主动找你的人，说明心里在乎你，所以才会放低姿态。于是，有人学会了反向推理，认为主动聊天就能让对方知道自己喜欢他，就有可能打动他。

可惜，这是一厢情愿的想法。

没有人会因为某人喜欢自己而喜欢对方，所以主动聊天的作用没有我们想象的那么大，这是其一。其二就是，主动和对方聊天，容易传递出一个模糊的信息：你可能是因为喜欢对方才主动或者是因为无聊而主动的，这让对方很难做出对应的判断。所以在爱情里，主动的一方恰恰是被动的，因为你不知道对方的底牌。看似是你在触发剧情，但是决定剧情走向的权力掌握在对方手里。

既然不提倡主动聊天，那么不主动会产生很大的副作用吗？当然不会。

不主动聊天会让你保持神秘感，爱情新鲜度的维护靠的就是神秘感，一个人完全暴露给对方，那么就失去了吸引力。

不主动聊天会显得你不是无所事事，频繁主动地聊天会传递一个潜在信息：你不是很忙，除了和人聊天之外再没有更重要的事，如果换作是男人，会让人觉得缺乏事业心。

不主动聊天会让你保持相应的身价，这个身价不是用社会地位、经济地位去压制对方，而是用保持深沉维系一种平衡，否则一旦形成你主动对方被动的关系，你就很难捕捉对方的情绪。

当然，不主动聊天也会传递一些看似负面但其实并不负面的信息，比如，对方会认为你原本喜欢他但是最后放弃了，还有就是认为你“始乱终弃”了。如果是前者，那么这种短暂的冷却对你保持自身的吸引力是有益的；如果是后者，那么当你再次主动和对方聊天时也会消除误会。总的来看，保持不主动聊天的节奏是利大于弊的。当然，这并不意味着不主动聊天就能将对方搞定，但是能降低你投入爱情的成本，能够快速筛选出对你也有好感的人，淘汰浪费你生命的人。

娜娜是一个可爱的女孩，大学的时候她喜欢上了学生会里的一个师兄，他们因为经常在一起办板报有机会接触，关系也越来越亲近了。但是娜娜始终没有向师兄告白，因为她担心被对方拒绝，结果这种纠结的状态让她患得患失，总是有事没事地主动找师兄聊天，如果师兄没有及时回复她的信息，她就会怅然若失。让娜娜感到痛苦的是，师兄几乎从来没主动和她说过话，每到这时她都在想对方是否惦记着自己，所以会更加主动地和师兄聊天，想要从他的只言片语中获得某些信息。

这种单向的沟通让娜娜变得越来越敏感和脆弱，也让她更加恐惧师兄有一天会彻底冷落自己，她的世界里只剩下师兄，微信的聊天对话里第一个永远是师兄的头像。后来娜娜从别人口中得知，师兄的生活丰富多彩，不仅和好兄弟们天天打游戏，也会和一些爱慕他的学妹吃饭看电影，这让娜娜更加痛不欲生。终于有一次，因为师兄没有及时回复她的信息，娜娜难过了小半天，她不知道师兄此时此刻在做什么。两人见面后，娜娜也变成了依附性人格，不管师兄说什么她都随声附和，生怕引起对方的不快。后来，娜娜的闺蜜告诉她，这样下去一点意思都没有，她永远不可能获得想要的爱情，娜娜开始有些动摇了。再后来，一个同学告诉娜娜，她亲眼看到师兄和一个女生出去逛街，让娜娜彻底死心。娜娜为此难过了整整一个星期，最后终于割舍了这段感情。

一天，娜娜出去做头发的时候，竟然撞见了师兄的女朋友，只是她并不认识娜娜。娜娜一边做离子烫一边听那女生和发型师聊天。发型师问她："听说你的男朋友有很多女生喜欢，你是怎么搞到手的?"女生嫣然一笑："也没用什么手段，就是给他发信息的时候只说一半的话，然后就再不搭理他，过一会儿他就主动来和我聊了。"发型师又问："那你不怕别的女生抢走他吗?"女生十分自信地说："那些女孩子都太嫩了，天天缠着他，他说这样的女生就是原本喜欢也会失去兴趣的。"女生说完又是狡猾地一笑，坐在旁边的娜娜终于如梦初醒。

既然主动聊天会降低身价，那么如何吸引对方主动和你聊天呢？这就需要你展示自己的价值，可以通过一条朋友圈的动态，证明你正在忙碌地工作，或者分享一下你的读书心得，这些都会让对方关注到你。试想一下，为什么很多人哭着喊着要买一部iPhone XS，是因为iPhone XS主动过来找他们了吗？当然不是，其实它们就躺在展示柜里，甚至只存在于网络图片当中，但是它们展示出了作为科技工艺品的较高价值，所以才会对那么多人产生吸引力。同理，你的价值也不是在和对方沟通的过程中建立，而是一点一滴建立的。如果你能充分展现自己的价值，引起对方的好奇心，自然就建立了吸引的交互模式了。

聊天的技巧不在于次数，而在于质量。在一些人眼中，不主动联系会让对方觉得你不够爱他，这个是有道理的，但这并不意味着需要通过没完没了的主动去证明。正确的做法是强化聊天的质量，让每一次聊天都点到为止却悬念无穷，这样就能让对方开始琢磨你的心思，而你则可以利用对方的猜疑和好奇提高你的身价。

放弃了主动聊天，其实是更好地控制关系发展的节奏。爱情和一部成功的商业片一样，要在每分钟每一场戏中表达不同的内容，让观众产生不同的感受。哪一场需要引发爆点让观众热血沸腾，哪一场要戳中观众的泪点突出主题，这些都是导演事先计算好的。同样，在爱情中也需要你追我赶，而不是一个人苦苦去追，这样的关系注定无法长久。从这个角度看，不主动聊天就是让对方也投入一部分精力去琢磨你，试图进入你的世界里去了解你、探索你，这样才能让你鲜为人知的一面展示出来，也能加快这场爱情电影进入高潮。

当然，不主动聊天不是让你完全被动地等着别人，而是让你学会把握主动权，让你在每一次聊天时都让对方意犹未尽，这样对方才会迫不及待地期待下一次和你聊天。切记，千万不能趁着热乎劲把有趣的话题都聊完了，要遵循“半糖主义”的原则，把你全部的爱只分出去一部分，让对方想要获得其余的部分，这样的爱情游戏才玩得起来。归根结底，掌控好节奏就是让对方猜不透你的心思，因为对方一旦看穿了你的底牌，就会失去了解你的兴趣和动力，甚至会发现你身上不讨人喜欢的一面，直接退出爱的追逐。

2. 越“作”越被爱

有情感专家统计过，被询问最多的一个问题是：为什么我这么做都不能感动他?

其实这个问题很好回答，把“做”换成“作”大概就可以了。

当我们还是婴儿的时候，会通过哭闹来获得父母的关心，然而长大之后却被父母教导要成为一个听话懂事的孩子，但经历爱情之后我们渐渐发现：懂事往往不会换来对方的关心和疼爱，因为你很擅长照顾自己。

现在想想，我们真该把婴儿时代作的本事拿出来。

恋爱是互动的游戏，不是单向的付出，如果你太懂事，什么事情都自己处理，一来对方不知道你经历了什么，二来对方会觉得你完全有能力自己解决，久而久之，对方就不再去怜惜你，甚至反过来依赖你。

我们不提倡作死的大作，但是适度的小作还是必需的，这是引起对方关注的一种方式。工作累了抱怨几声，也许对方就帮你做好了晚饭；身体不舒服了呻吟几声，也许对方就会为你揉肩捶腿外加足底按摩；心情不爽了就哭几声，也许对方就会把你搂在怀中……虽然这一切都是也许，但是你如果不做这些，“也许”就变成了“一定不”。

作，并不是一方对另一方施压，而是向另一方传递一个信号：我的情绪处于负面状态，你为什么不过来哄哄我?

有人认为，没事就让人照顾这不是在熊人吗？此言差矣，恋爱的调味剂难道不就是你哄哄我，我气气你吗？如果都是相敬如宾，不如找个哥们儿更实在。更重要的是，我们的心理状态不可能每时每刻都被对方捕捉到，如果不适当作一下，对方只能按照常规来对待我们，说不定哪一句话就让我们不爽，到时候争吵起来对方才知道是你遇到了麻烦，那时候被埋怨的就是你了，因为你没有以任何方式通知对方。

当我们情绪没问题时，是不是不需要作了？当然不是，作也是一种小情趣，是调节二人关系的催化剂，适当加入一点，会让原本平淡无味的生活变得惊心动魄。只要把握住底线，对方会觉得和你相处很有趣，而不会认为你是在没事找事。让对方的情绪偶尔波动一下，我们才能了解彼此的价值观是否一致。如果两个人总是处于“和平状态”，很多问题会被掩盖，等到它自然暴露的那一天，或许就是一场悲剧了。

对于解风情的人来说，能够感觉到你的作其实是想获得对方的关爱，这是一个正面的信号，因为一个人绝不会对毫无兴趣的人去作，所以你的作是能够让对方接受的。当然，也有一些人恋爱智商不是很高，那么作也是一种变相的提醒，让对方多关注你的一举一动。

人们常说小吵怡情，大吵伤身，作也是如此，小作会激发起对方的“圣母心”，变得对你充满保护欲，无形中就会拉近彼此的距离，而你会通过作来展示平时不易被发现的一些可爱之处或者内心的隐痛。另外，作也是一种互动，你可以作对方，对方回应之后，也可以来作你，这样你们的感情天平就能保持动态的平衡。如果你只顾着维护一成不变的关系，就很难让你们的感情在变化中发展，交流和互动减少了，你们的亲密度就下降了。

晓琳是一个懂事到完美的女孩，男友打游戏的时候她绝对不打扰，甚至还会陪在旁边默默地看着；可是轮到她生病了，她又不好意思麻烦男友陪自己，宁可独自一人拎着吊瓶。然而，就是这么一个懂事的女孩，竟然被男友甩了。这倒不算什么，男友给她的分手理由是：“你太会照顾自己了，什么事都不麻烦我，弄得我一点成就感都没有。”果然，晓琳的前男友最后找了一个爱发点小脾气的女孩子，他的生活变得异常充实，存在感直线上升。

遇到这种事，女孩子们不要怪男生太贱，因为这就是人性使然。换作你是男生，面对一个事事都能自理甚至还能照顾你的女友，你难道不觉得自己找了个妈?

其实，作是一种狡猾的懂事，会作的人，才是懂得恋爱真谛的人，也是自我表达能力强的人，更是愿意在爱情中主动出击的人。不会作，意味着你缺乏恋爱中的冒险精神，不敢跨出更大的一步，那你们的关系就只能在原地踏步。聪明的人，会让作变成一种撒娇，而不是一种敌意行为，这需要掌握作的技巧。

作要在对方可能接受的范围内。对方不会煲汤，你却非要让他去弄，这就是给别人出难题；对方弱不禁风，你却要求他背着你跑出二里地……即便对方深爱着你，也会因为无法满足你的愿望产生挫败感，还会对你有意见，而你也就达不到预期目标。

作要考虑时间场合。你加班很累了想要对方给你按摩后背，可是他也才刚刚下班，这时候不如轮流给对方按摩，显得更亲密更体贴，而不是不顾对方的疲惫来满足自己。在大庭广众之下，作不能太为难对方，让对方帮你夹个菜、帮你穿上衣服，这些都没问题，但是让对方交出银行卡、说出某些隐私，这就是打别人的脸，而你也占不到任何便宜，外人只会看你们的笑话。

作要掌握尺度。当对方犯错时可以小作一下，比如，他忘记了你们相识的日子或者第一次约会的某个场景，你可以小作来惩罚对方，证明你对这段感情的重视程度。但是不能得理不让人，让对方无休无止地接受惩罚，这会让对方认为你只是想折磨人。

电影院里，正当观众们认真看电影的时候，忽然在某一排座位上站起来一对情侣，女生扇了男生一个耳光，然后匆忙离开了。旁边的人问男生发生了什么，男生说，刚才看电影的时候有一个主角落水的镜头，结果女生马上贴过来问他：“如果我和你妈同时掉进了河里，你先救谁啊?”男生不愿意回答这个老掉牙的问题，就哄女生好好看电影，没想到女生不依不饶，非要一个答案。男生终于忍不住了：“我妈岁数那么大了，你为什么要让她掉河里，再说你不是刚学会游泳吗?”女生听完就给了男生一耳光。

或许这一耳光，打掉的是女生的爱情吧。

作是因为在乎对方，想要换取同等的真心，也想验证对方对自己的感情有多深，它只是用一种戏剧化的方式表现出来，演绎的是爱情轻喜剧而不是爱情荒诞剧、爱情悲剧或者讽刺剧，偏离这个目的就是作死。所以，我们要让作变成一种自主行为而不是一种内在需要。因为这会动摇我们对作的掌控力，让我们变得越来越缺乏安全感，而这样的心态是很难和对方和谐相处的。毕竟，安全感是来源于自己，并不是全部由对方提供的。作得太厉害，只会让自己变得多疑和敏感，让对方越来越疲惫和厌倦。

作不能变成一种习惯，一旦上瘾，我们就会依赖这种方式和对方互动，就会变得越来越被动、越来越离不开对方。如果对方没有做出我们期待的回应，我们的心态很可能会出现问题，进而做出错误的判断，这就会距离幸福越来越远。

我们深爱，是因为深爱让生命变得更有厚度，但不能痴爱，痴爱会让我们失去信心，割断了其他的快乐源泉，最终丧失自救的能力。爱情需要小情趣，更需要大智慧。

3. 每一个“我不理你了”，都不希望得到一个“好”

恋爱中少不了吵架，吵架中少不了一段经典对白：“我不理你了。”接下来的对话是什么？第一种，沉默。第二种，“别生气了”。第三种，“好”。

选择沉默的人，恐怕永远都不会明确地说出“好”或者“不好”，这样的沟通属于中性的，要看接下来双方的心理变化如何，也要看对待这段感情的最终态度。

选择说“别生气了”的人，要么真的很在乎这段关系，要么是一个沟通高手。因为他们知道，对方说“不理你了”的潜台词就是希望你能哄哄对方，也许你未必有错，但是对方渴望的就是深度的沟通和情感联络。这时候和对方积极地沟通，就能化解对方的负面情绪。

选择说“好”的人，同样也有两种可能，一种是真的不在乎这段感情了，一种是虽然在乎但是在气头上。对于第一种情况不用多说，这样的人可以直接无视了；对于第二种情况，似乎传递了一个危险的信号，对方也处于负面情绪中而且还不想哄你，那么双方的沟通很可能会陷入僵局。

分析了半天，这么复杂的情况怎么让人处理得好呢？其实最简单的方式就是，尽量不要说“我不理你了”这句话。这句话看似是撒娇，但风险性很强，而且在不同场合不同语境下会催生出不同的变化。我们想要对方关心自己是正常的，但是没必要非得说出来，因为一旦说出口，就会如上述分析的那样，带给对方多种选择，而我们自己想要从复杂的情况中做出判断就非常困难。最直接的办法就是用动作来替代语言，比如，你不断地捶着自己的腰，对方如果还在乎你，一定会问为什么，接着就会为你捶腰；如果对方不在乎你，你就当自己表演给自己看，也没什么太尴尬的。如果你们只是在线上沟通，那就将“我不理你了”这句话删除，开启沉默大法。如果对方还想跟你沟通，总会主动联系你；如果比你还生气，自然不会理你，但是你也没有给对方说“好”的机会。

我们来看一个国外的故事。

苏珊和彼得相恋五年，从最初的山盟海誓变成了现在的索然无趣，两个人都觉得没有激情了。一天上午，彼得正在上班，忽然收到了苏珊的一条信息：我们分手吧。彼得想了半天，觉得苏珊最近确实和自己没有那么亲密了，既然激情不再，干脆分手算了，于是彼得回了一句“好”。下班之后，彼得习惯性地要给苏珊打电话，可忽然想到二人已经分手了，就放下了电话。让彼得失望的是，苏珊也没有再联系他，显得十分决绝，于是彼得删除了苏珊所有的联系方式。

日子一天天过去了，两个月过后，彼得和苏珊在街头偶遇，彼得本想装作不认识一样走开，苏珊却恨恨地瞪着他："你为什么不理我了？"彼得一愣："不是你提出的分手吗？"苏珊张口结舌半天，最后说："那天不是愚人节吗？我是跟你开玩笑的！"彼得哭笑不得地说："那你后来怎么不解释清楚？"苏珊委屈地说："开始我看你说同意了，以为你也是在开玩笑，可后来你一直都不联系我，我就以为你是真的想跟我分手了，所以也没再联系你！"

这是一个看似荒诞却很真实的故事，一个人无心的玩笑，却会引起另一个人有心的猜疑，最后双方"默契"地把爱情送上了断头台。

很多时候，两个人因为生气而不联系，却没有一个人愿意先开口，结果就是渐渐疏远，与其这样还不如大吵一架。因为很多时候，感情就是这样一点点被冷却的，热情被过度消费之后很难再找回来。俗话说夫妻之间不吵隔夜架，谈恋爱更是如此，解决问题的方式有很多，没必要采用冷战这种下策，而"我不理你了"在某些语境下就是冷战的标志，或者说它给了想要冷战的人一个机会。

在感情中把握节奏感十分有必要，如果是在热恋时期，彼此的回馈频率很高，也很喜欢互动，那么这时候偶尔耍一下小性子还可以，但是如果过了这个阶段，就不要轻易把"我不理你了"说出口，这样只能拉开彼此的距离。

爱情里最怕的就是两个人一个清高，一个孤傲，那样还谈什么恋爱，都自己爱自己去吧。把“我不理你了”说出口不是问题，可以再用一句话或者一个动作拉回来。其实最可怕的是，说这话的是真的不想理对方，想要让对方主动。结果呢，对方也不愿意委曲求全，结果那一声“好”就成了曲终人散的遗言。

让人羡慕的感情，都是小吵怡情的那种，甚至是小拳拳捶你胸口这种小暴力，保持着充分的沟通和了解，才能相互迁就，彼此宽容。

话分两头，如果说出“我不理你了”这句话的是对方，我们该如何应对呢?

韩剧里的男主角之所以能够成为少女收割机，是因为他们太会宠自己的女朋友了，所以女生才会迷恋这种人。虽然在现实生活中，这样的人很难找，不过这种愿望还是会存在，谁不希望获得对方的关爱呢? 所以难免在潜意识里会有我不理你但是你要理我的念头。从这个角度看，当对方说出“我不理你了”的时候，我们即便很生气，还是需要犯一点点的贱，这样并不丢人，毕竟那是你喜欢的人，除非你不想再投入任何感情。

有时候我们可以适当矫情一点，对自己或者对他人，也许我们的一次冷漠会给对方造成伤害，我们的一次忽略就可能变成了彻底放手。我们要尝试让自己冷静下来，如果对方说“我不理你了”，必然不是真的不想理你。因为一个人如果感情被伤害到了极致，就会变得无所谓，不会介意你的做法，对方需要的只是不多的关心与呵护，如果连这个情绪我们都感知不到，那么如何在未来的几十年中厮守呢？

因为爱，我们会大声呐喊；因为爱，有时候却难以启齿。一句“我不理你了”，其实可以看成是对爱的强烈呼唤，如果这时候不能做出爱的回应，那么距离下一次呼唤很可能就遥遥无期了。既然选择了爱，就不要藏起来，要在关键时刻赠予对方。有了付出，才可能拥有回报，而没有付出，一定不会有回报。

那些用“好”来回答对方的人，且不论爱与不爱，最起码是不了解对方的痛点，不愿意去感知对方柔弱的一面，硬是将一句玩笑话当成了挑衅语，这样的情商如何去经营爱情呢？

爱一个人其实很简单，当对方有需求的时候，我们及时地做出回应，让他们知道我们心里挂念着对方，这才是最重要的，而我们为此付出的也许只是一句“你别不理我”。世界上最可惜的不是爱了一个不该爱的人，而是两个深爱的人因为各种机缘错过，而最可悲的是两个不爱的人还纠缠在一起互相伤害。无论最后变成了敌人还是陌生人，都只能让我们对爱情越来越恐惧，祸及的是下一个我们将要遇到的人。

4. 你的委曲求全，早已把爱情求没了

“你到底不喜欢我哪里？告诉我，我改！”

这是一句不仅在影视剧中经常听到的台词，在现实生活中也屡见不鲜。有人觉得说这话的人真是犯贱，可是轮到自己遇到一个怦然心动的完美恋人之后就悲剧重演了。平心而论，这种为爱牺牲自我的精神确实伟大，但伟大不一定值得别人效仿，伟大也不见得能够守得云开见月明。

爱情的最佳状态不是一个人默默付出，另一个人照单全收，而是两情相悦。虽然这是一种理想状态，很多时候总会欠缺一些，但我们必须以此为标准，否则就会在爱情中迷失自己。

明丽是一个容易满足的女人，她对生活的要求很简单，一顿饱饭，一张暖床，一个爱自己的丈夫和一个健康活泼的孩子。为了追求这种想要的生活，她事事听从老公的，以为自己的妥协会让对方

更加爱自己，以为爱情中就要有一个人甘愿屈从，这种状态从他们恋爱的那一天就开始了。和老公上街的时候，明丽看得更多的是男装；和老公去买菜的时候，菜篮子都是她自己拎着；做饭的时候，老公在玩手机；带孩子的时候，老公在打游戏；老公想要下馆子，明丽就省下一支口红的钱；老公想要换一部电脑，明丽就继续用三年前买的手机。哪怕是在二人单独相处时，明丽也迎合老公的好恶，老公喜欢看枪战片，她就放弃了想要看的爱情片。有一次，明丽实在不喜欢老公选的无聊电影，结果看着看着睡着了，没想到刚过了几分钟，老公就粗暴地把她推醒了："看个电影还能睡着？你到底想看什么?!"

明丽这才发现，原来自己的委曲求全换来的只是对方的轻视和不屑。渐渐地，她改变了这种生活方式，不管是上街买东西还是做饭，她都会提出自己的主张，也不会只做老公爱吃的菜而忽略了自己。开始时，老公对明丽的这种变化很不适应，两个人还吵了几次。但是明丽没有退让，她对老公说："如果你想要一个跟着你动的木偶，那就把所有责任都扛在你身上；如果你想要一个和你共担风雨的伴侣，那就要试着听我的意见。"于是，老公也慢慢转变了原有的态度，因为他也意识到一个傀儡妻子并非是自己想要的。

不论是恋人之间还是夫妻之间，地位和人格上都是平等的，应该互相尊重，如果不能建立在平等的基础上就不配叫作爱。即便有一方退让，勉强得到的也是被施舍的感情，一文不值。有些人之所以愿意妥协，是因为总是怀念热恋时的美好，想要对方重新火热地爱自己，然而这样卑微的付出只会减弱自己的魅力值，甚至会让对方感觉你非常无趣。

当你犯贱地想要做爱的奉献者之前，请好好想一想，谈恋爱到底是为了什么？是为了要一个两情相悦的伴侣，还是要一个作威作福的祖宗。就算你天生愿意被人虐，那么对方就真的喜欢一个保姆吗？

再烫的水也会有彻底凉透的那一天，今天你无怨无悔地放低自己，你敢保证未来的几十年里都能始终如一吗？如果有一天你发现自己累了、厌倦了，那么你该如何收场？要知道，拉开这场犯贱表演的人是你，狼狈收场的人也是你，对方一直在做自己，所以在外人看来是你变了，是你不能持之以恒，这种感觉是不是像陶晶莹的那首歌——《太委屈》?

真正爱你的人，会发自内心地尊重你，而不会对你百般挑剔，更不会看不起你。人和人之间为什么会产生爱情？是因为双方的个性相互吸引。如果你委曲求全，等于消磨了自己的个性，成了爱情世界中的行尸走肉，谁还会多看你一眼呢?

恋爱不是乞讨，所谓的死缠烂打也只是一种外围策略而非相处之道，爱更不是慈善，地位的失衡只能让爱情距离双方越来越远。如果你想经营好一段感情，应当多引导自己的伴侣，晓之以理，动之以情，让对方逐渐认清和改变自己。如果对方实在顽固不化，你也可以以其人之道还治其人之身，迫使对方对你委曲求全，这样对方才可能感同身受，反思自己的行为。

恋爱是为了让人生愉悦，但不能丢失我们最后的底线，只有我们自己爱自己的时候，才能让别人也爱我们，才能在情感关系中注入承诺、信任和尊重，这样的感情才能天长地久。

爱情的美妙之处在于互动，互动必然是双向的，一个人再委曲求全也不可能换来对方的真心相待，搞不好还会让对方变本加厉。有些人之所以崇尚委曲求全，是因为习惯性地高估别人，每次遇到问题时都会自我欺骗：算了吧，别在乎。然而悲剧往往源于此：你连自己都不在乎，别人怎么会在乎你呢？不是每个人都会带着善意去生活，也不是每个人都会理解你的良苦用心，有时候你的委曲只能被人理解为软弱可欺，会让对方找不到你的闪光之处。所以，当你习惯用讨好去乞求对方的所谓真心时，就不要幻想着会有你期待的结果。

不管在过去还是在未来，委曲得不到全，只能让一个人在爱情中变得更加卑微，因为人心不可直视。好的爱情，应该是两个人共同努力的双簧，而不是一个人的独角戏。

5. 没事少发脾气，有空多赚钱

如果快乐的爱情是一幅色彩斑斓的油画，那么充满怒气的爱情就是晦暗单调的素描。虽然素描可以还原各种形态，却无法反映出本来的色泽。同样，当我们发脾气的时候，也无法理性地看待我们的恋人，因为怒气蒙蔽了我们的双眼。

听到这里，有人准会不以为然：发发脾气怎么了？谈恋爱不就是吵吵闹闹吗？吵吵闹闹没错，是一种合理的情绪表达，但问题是吵闹的次数太多了，爱情就变味了。

上海滩大佬杜月笙说过一句话：“上等人，有本事，没脾气；中等人，有本事，有脾气；下等人，没本事，有脾气。”

愤怒是最常见也是最难控制的一种情绪，也是对人际关系威胁最大的情绪反应之一，对变化莫测的爱情更是如此。国外做过一项实验，将人在愤怒时呼出的气液化成水，会产生紫色的沉淀，这种液体注入老鼠体内几分钟后就会致其死亡。

当我们对恋人发脾气的时候，我们是在用情绪支配自己的行为而不是靠脑子，所以可想而知后果会是什么样子：恶语相向甚至拳打脚踢。这样的结果难道就是你想要的吗？有人认为，发脾气能够为自己在爱情中争取地位。不可否认，很多爱耍小性子的女生确实掌握了主动权，但是你不要忘记了，那样的女生可能是貌若天仙，可能是背景强硬，也可能是才气逼人……当然，这不是说无貌无才的人无权发火，而是你发火之后的下场可能不那么美丽罢了。

还有一点不要忘记，我们发脾气的对象是我们所爱的人，我们之所以有恃无恐，是因为我们知道发脾气不会被对方拿了人头。但是仔细想想，偶尔发几次脾气能够获得对方的宠爱和谅解，时间长了必然会破坏感情，消耗的是你们苦心积累的感情基础。

月月是一个从小被宠到大的女孩子，父母对她百般呵护，同学对她千般尊敬，男友对她更是万般娇纵。毕业以后，月月在亲戚的安排下进入一家私企，工资不算高但也不累，所以月月每天都有大量的时间和男友打情骂俏。不过，男友进入的是一家外企，每个月都要进行末位淘汰，压力很大。起初，男友对月月的公主脾气还能够容忍，可是赶上任务繁重的时候，他也会来不及回复信息，甚至还挂断过月月的电话。每到这时，月月都气得不行，她认为男友和自己的感情变淡了，于是跟一众闺蜜们吐槽男友，终于有一天，男友忍不住对她说：“你再闹我们就分手吧！”月月也不是吃素的，一怒之下真的和男友分手了。在以后的日子里，月月过得倒是轻松了许多，可她还是觉得心有不快：分手是对方提出来的，自己貌似是被甩了。于是，月月就通过别人打听前男友的近况，得知他因为业绩出色已经荣升主管，月月多少有些怅然若失。后来，月月又从别人口中得知，前男友结交了新女友，月月彻底成了过去时。

也许是出于报复或者补偿心理，月月也很快结交了新男友。一天晚上，她和新男友无意中和前男友那一对相遇。为了避免尴尬，四个人简单聊了几句，月月无意中得知前男友的现任竟然是他公司里一个没转正的实习生，容貌身材都不如她。月月觉得自己被侮辱了，又托一个闺蜜打听这个女孩的底细，这才知道那女孩一直给前男友打下手，每天早来晚走，虽然没有太多工作经验，却十分负责，而且在业余时间还经营一家网店。月月听到这里很不是滋味，她问闺蜜："那他们两个是不是从来不吵架?"闺蜜说："他们俩在工作上经常有分歧，你前男友又是一个工作狂，连她生日都没时间给过……"月月一听就急了："这女孩脾气有这么好?"闺蜜笑笑："不是她脾气好，是她根本没工夫吵架，白天上班，晚上上网，抽空还要准备资格考试，哪还有精力吵架?"月月忽然回想起自己游手好闲的那段日子，她和前男友的很多矛盾都是因为闲极无聊惹出来的。

像月月这种爱发脾气的人，不知道自己的这个缺点吗？当然知道，但很难改掉，因为她没有断绝生气的症结——分散注意力的事情太少，所以月月总是不由自主地挑剔前男友对自己的态度，而前男友因为忙于工作不可能再像上学时那样伺候周到，于是矛盾就爆发了。

仔细想想，恋爱中的很多矛盾，真的是没事闲出来的，如果能够多找一些正事去做，就能平静地看待爱情中的若即若离，也能理解对方的苦衷，而所谓的正事最好就是多赚钱。有人觉得，设定赚钱这个目标是不是太庸俗了一点？其实，恰恰因为它的庸俗，压制愤怒才越管用。因为你要赚钱就要想出具体的方法，这就消耗了你一部分的思考时间；当你找出方法之后，你又要去实践，这就消耗了你的行动时间；在赚到钱之后你又会考虑如何维持赚钱的生计，这又占用了你的精力，这样一来，你就没有工夫动怒了。

当我们将愤怒的情绪转移到赚钱上时，我们会变得更脚踏实地，会对发脾气之后产生的后果做出预估，比如，会不会破坏你和恋人的关系，会不会影响对方的看法……在现实思维的作用下，我们会减少冲动的语言和行为，变得越来越接地气。听起来这像是变得越来越“㞞”了，其实爱情里偶尔需要一点“㞞”，才能抑制我们心中燃烧的狂暴基因。

习惯发脾气的人，首先要懂得这不是解决问题的唯一办法，其次要明白我们有能力控制它。现代人推崇情商，情商的一个重要组成部分是情绪管理，能掌控情绪的人才容易掌控人生。据说，林则徐的书房里就挂了一幅制怒的座右铭，每时每刻提醒自己控制坏脾气。如果你实在忍受不住要对恋人发火，那么请在发脾气前告诫自己：恋人不是我们的出气筒，我们要多抽出点时间用在赚钱上，这样不仅能分散我们的注意力，还能改变我们的职业前景，充实我们的人生。

当我们将赚钱视作一个永久性的目标后，我们会更加珍惜时间，不会将它浪费在发脾气上，更会珍惜我们和恋人一路走来的不易，不会让它因为一点小事就被破坏。换个角度看，赚钱能让我们珍视和恋人相处的每一分钟，因为其他时间我们在努力赚钱，这样我们就会更加重视当下，不会纠结于鸡毛蒜皮的小事，更不会自生无明火，很多愤怒的缘由会变得可有可无，我们人生的前景会变得更开阔和明朗。

第七章

允许指点，但谢绝指指点点

1. 别让自己在他人面前变得小心翼翼

不管你喜不喜欢身边的人，你都不能否认一个事实：人类是群居的高级动物。从茹毛饮血、刀耕火种的时代开始，无论是采集还是捕猎，人类基本上都是依靠团队合作，单枪匹马去和野兽、自然灾害做斗争几乎就是找死。即便是进入农耕文明以后，人们也需要通过交换、协作来满足日常生活需求，更不要说现代机器大生产下的流水线合作和经济一体化……正因为人类需要同伴的资源和帮助，才有了各色各样的社交生活。可是仍然有一部分人对这种“群居生活”十分抗拒，这类群体被贴上了一个标签——社交恐惧症。

社交恐惧症又被称为社交焦虑症，是一种对社交或公开场合感到强烈恐惧及忧虑的精神疾病。他们总担心自己被其他人暗中观察，害怕自己的行为或紧张的表现让自己难堪，比如在商店购物时或者参加聚会时都会如此。社交恐惧的核心症状是：担心自己被人注意，因此不敢抬头也不敢和别人对视，会不由自主地进行自我批评，还会出现脸红、手抖或者恶心等症状。“恨不得找个地缝钻进去”就是这种情况真实的写照，当这种恐惧发展到一定程度，他们甚至会彻底断绝各种社交活动。通常，社交恐惧的对象是上级、异性、未婚伴侣的家长等。

社交恐惧症可以分为两种情况：一般社交恐惧症和特殊社交恐惧症。一般社交恐惧症患者，无论身处何种环境都担心自己成为别人关注的焦点，害怕被介绍给陌生人，也不会为了捍卫自己的权利和其他人争论。特殊社交恐惧症患者则不同，他们在一般的社交活动中没有什么异常，但是会在某些特定场合下感到恐惧，比如，有的人在聚会时能侃侃而谈，但是一上台讲话就会变得口齿不伶俐。

社交恐惧症虽然不会对患者自身造成威胁，但如果长期患有这种疾病，危害还是很大的。在生活上，他们很难和别人正常沟通；在工作上，他们无法和上级、同事正常交流；在恋爱中，他们无法向自己心仪的异性表达感情……久而久之就会影响到他们的身心健康。

梁朝伟是很多女性心目中的男神，他主演的《无间道》《黎明》等经典影片让人记忆犹新，然而酷爱表演的他曾经也是一个社交恐惧症患者。他回避社交活动，极少参加访谈节目，有时还会紧张发抖，始终和外界保持着距离……在他看来，这些都是无意义的事情，不如在家看书。

一般来说，社交恐惧症多发生在胆小、自卑、多疑或者依赖型人格的人身上，他们的自卑心下埋藏的是更加强烈的自尊心，他们担心被别人拒绝或者对自己某一方面缺乏足够的信心，比如，相貌、财富、工作能力等。不过我们从梁朝伟身上似乎找不到这些特征，那就让我们看看梁朝伟的童年都经历了什么。

梁朝伟出身于社会底层，父亲酗酒成性，经常几个月甚至一年才回来一次，全家的生活只能靠母亲拼命工作来维持，因为父母经常争吵，梁朝伟总是一个人躲在房间里哭泣。他十岁那年，父亲离家出走，这让梁朝伟变得十分自卑，每天放学回家时走得非常快，就是担心别人问起他家里的事。

社交恐惧症与自卑的性格有关，而性格又受到早期经历的影响，尤其和童年时期的家庭环境和家庭教育方式有关。有的家庭对孩子要求严格，经常指责孩子，让孩子的心理长期处于压抑状态；或者是经常搬家，让孩子不断适应新环境；或者家长溺爱孩子也会导致孩子失去社交环境，从而引发社交恐惧心理。

梁朝伟虽然是一个光鲜闪耀的明星，但他因为从小生活在不和谐的家庭环境中，所以内心深处产生了阴影，害怕被人戴上有色眼镜去看，害怕被人议论指摘，所以他成年之后就对社交活动产生了恐惧，形成一种缺乏安全感的性格。这种性格的特征是，他们没有可以依恋的对象，会变得害羞和内敛，恐惧社交活动。

除了家庭环境的影响之外，生物因素也是一个不可回避的成因。有美国学者认为，社交恐惧症和人体内一种名叫“5-羟色胺”

的化学物质失调有关，而这种物质的功能是负责向大脑神经细胞传递信息，如果含量过多或者过少都可能引发人们的恐惧心理。

哈佛大学专门研究性格的心理学家做过一个实验，让一些婴儿听录音，结果发现有20%的婴儿一边哭一边蹬腿；有20%的孩子完全没反应，这些容易激动的婴儿被称为“高度应激群体”。这种高度应激群体就是敏感内向的性格，他们在神经系统上更加敏感，这种特征会一直持续到他们成年之后。由于敏感的人对外界的感受能力较强，所以他们宁愿自己独处也不愿意社交，而且他们将人群看成是一种危险的存在，会不由自主地远离人群。

不过，社交恐惧症并非是“不治之症”，能够通过治疗得到控制。

想要克服社交恐惧，要学会掌握社交距离。有一些人在生人面前不敢说话，但在熟人面前却喋喋不休，这就是社交距离不同。这种距离是心理上的而不是空间上的距离，比如，和陌生人谈论情感话题，就是强行拉近彼此的心理距离，所以会让神经敏感的人产生不安。遇到这种情况，可以尝试从一些无关紧要的话题切入，如果交谈顺畅再选择更深入的话题，这样就能避免出现紧张和不适的情绪。还有一种方法是选择“异步交流”，比如，在网上打字聊天，而不是直接通电话或者视频，这种交流方式会让人减少焦虑。

要想最终克服社交恐惧，就要迫使自己不断适应社交生活，比如，参加某个活动前做一些必要的准备工作，这样就能在一个事先了解过的环境中和人交流，最大限度地打消陌生感。梁朝伟曾经在刘嘉玲的帮助下，变得不那么抗拒社交场合，只要参加社交活动，就会以旁观者的视角去观察别人怎样说话和做事，时间一长，他的性格就变得随和洒脱，和身边人的关系也亲近了许多。

社交恐惧症对某些人来说也能产生积极作用，比如可以通过社交恐惧过滤掉无效或者低价值的社交，因为那些敏感的人并非完全没朋友，只是朋友很少，但质量很高，他们会在漫长的人生中找到那么一两个知己。同时，社交恐惧会让人有更多的时间关注自己并提升自身能力，不用社交的时间可以学习和思考，获得的成长会更快。

如果追根溯源，我们会发现社交恐惧在某种程度上是在人类进化过程中就有的，比如，很多小孩子害怕陌生人，害怕一个人待在家里，这是因为在一些原始部落中经常发生杀死婴儿的残酷事件，从而让婴儿保留了遗传记忆，作用到成年人身上就会抗拒和陌生人相处。另外，还有一些人的社交恐惧是后天习得，也是为了趋利避害，因为他们不知道陌生人中是否有不怀好意者，所以不敢当众发表意见，也就避免了得罪人的可能，也算是一种生存策略。

归根结底，人类世界的社交模式原本就是对外向者敞开大门的，对内向者天然带有“歧视”色彩。无论哪个国家地区，无论哪个团队组织，只要有多人参与的社会活动，那些侃侃而谈、人脉广泛的人永远都是受到欢迎的。因此，作为无法脱离同伴而生存的我们，要尽量克服性格中敏感、脆弱、自卑等因素，尽可能地适应社会。当然这并非要求每个人都成为“交际花”，而是当你需要出现在公众面前时，要表现出得体的言谈举止，这样才有机会让别人认识你、了解你，并发现你身上的优点，你的人生也会被打开一扇大门。

2. 永远不要羞于说“不”

生活中我们经常会遇到这种情况：朋友求你帮他做一件事，你出于面子马上答应下来，结果干着干着发现工作量超出了你最初的想象，影响了你的正常生活，但是已经干了一半了又不好拒绝，最后只好让一切重担压在自己身上。这就是不懂得拒绝对方给自己带来的麻烦。即便你想给朋友留下好印象，也不能无原则地接受所有请求，因为最终利益受损的人是你。

心理学家认为，适当的拒绝能够换来别人对你的尊重，也能体现出你的价值。其实，从人类的本能来看，拒绝是违背我们天性的，因为拒绝意味着伤害对方，意味着未来的合作会出现困难，所以很多人不懂得拒绝，结果让自己承担了不该承担的责任。事实上，维护人际关系和拒绝他人并不矛盾，一个只会委屈自己而成全别人的人，不能算是高情商，只能算是无原则的自我牺牲。

罗斯福担任美军的海军部长时，计划在太平洋的一个岛屿上修建一座秘密的海军基地。很快，罗斯福的一个老朋友听说了这件事，好奇地打听：“朋友，您打算在哪儿修这个基地，能告诉我吗？”罗斯福看了看他，压低声音说：“您能保密吗？”对方连连点头，然而罗斯福却笑着说：“那么，我也能。”如此巧妙的拒绝，既不伤害对方的面子，也能坚守自己的原则。

高情商的人，懂得趋利避害，懂得对事不对人，懂得遵循客观情况进行合理的拒绝。

自我觉知是情商的重要组成部分，是指一个人对自己的认识程度。觉知能力强了，就知道有所为和有所不为。那些不懂得拒绝别人的人，其实是无法正确认识自己，或者说不能认识自己答应之后的是非利弊。从更高的层面来看，明智的拒绝是一种自我保护，是确保自身的利益不受侵害。

《红楼梦》里有一段故事，讲的是刘姥姥到贾府借钱，王熙凤起初不知道贾府和刘姥姥的关系，后来打听清楚了才知道不是至近的关系，于是对刘姥姥说：“论起亲戚来，原该不等上门就有照应才是。但是如今家里事情太多，太太上了年纪，一时想不到是有的。我如今接着管事，这些亲戚们又都不大知道。”王熙凤用隐晦的方式暗示刘姥姥：我们的关系比较远，不帮你也是情理。但是为了让对方相信自己不是有钱不借，所以王熙凤接下来又说：“外面看着虽是烈烈轰轰，不知大有大的难处，说给人也未必信。”这样一来，王熙凤的拒绝理由就完全成立了：不帮你不完全是因为关系不够亲，是因为我们也有难处。话说到这个地步，刘姥姥自然断了借钱的念头了。

试想一下，如果王熙凤不忍心拒绝刘姥姥，后果可能会十分糟糕：刘姥姥下一次没钱会继续找她，贾府的其他亲戚们如果知道王熙凤这么好说话，也会有事没事地过来骗点钱花。即便是豪门大户，也经不起长年累月的折腾，所以果断地拒绝就能免除一切后患。

当我们确定了自己的原则之后，就不必一再退让，要勇敢地说“不”，这样才是真正做自己。人生如此短暂，如果我们很少拒绝别人，就等于让别人生命中的负面内容介入我们的生活中，而我们也选择了一条自己并不喜欢的道路，因为我们不敢直视内心的真实需求和感受。

做人，有时真的不用在意别人的看法，那些好意思为难你的人，也不是真心在意你的人，所以在拒绝的时候不要犹豫，也别给对方幻想的机会。有人总担心拒绝别人会给自己的人际关系带来负面影响，其实我们要知道，任何一种选择都不是十全十美的，我们要想让自己过得舒心，就不可能让每一个人都满意，纠结于这些问题会给我们带来更多的羁绊。

过度的友善是一种病，病根就是不愿意得罪别人，这也是一种自卑心理，因为害怕拒绝别人就是害怕被别人抛弃。如果带着这种心态去生活，永远不会变成一个强者。其实，一个不懂得拒绝他人的人，绝不会因为你的卑躬屈膝而被对方喜欢，也不会得到别人真正的尊重。

不会说“不”的人，开始会让人觉得感动，但是时间长了就会变成一种习惯，如果哪一天你突然对别人说“不”了，无异于犯了弥天大罪，让所有人都觉得你变坏了。相反，那些经常把“不”挂在嘴边的人，偶尔一次的不拒绝反而成了莫大的恩惠，会被人视作善心大发。这个世界有时候就是如此滑稽，滑稽到你不能用正常的逻辑去推论。

不忍心拒绝别人才是最大的残忍，因为你的无底线会让对方找不到你的底线，于是在不知不觉中将你们的感情透支殆尽。

曾国藩说过：“事缓则圆。”拒绝别人必须运用缓兵之计，既不会得罪别人，又能体现自己的诚意。在拒绝别人时态度要诚恳，在陈述理由的时候要以大局为重，让别人明白你的拒绝也是因为有更重要的事情，所以尽量避免使用“我不愿意”“我能力不足”等字眼，这样只能显示出你的软弱无能。当然，也不能使用“我不能”“我不知道”等字眼，这样会让人很难堪，也显得你缺乏礼貌和变通性。

请记住，这个世界上不会有人因为你的无条件服从而喜欢你，不管是爱情还是友情，都是如此。即便是在讲究协作的职场上，你的无私也只能被别人理解成软弱可欺，甚至在裁员的时候老板第一个想到的就是你，因为他知道你对他来说是安全的。我们应当保持谦和的性格，但是不能用卑微去替代谦和，要在自己的能力范围内帮助别人，更要听从内心的声音。成长的第一步就是要将自己放在重要的位置上，这样才能更好地掌控人生，懂得与人和谐相处的真谛，而不是放低自我进行病态的社交生活。只有做好了这种思想准备，才能让我们过好轻松的一生。

成长，必须从学会说“不”开始。

3. 拉黑和绝交，你现在不用，留到何时?

我们常用的社交软件中，几乎都有“拉黑”这个功能，所以每个人的黑名单里，或多或少都躺着一些人，他们可能是推销广告的，可能是网络喷子，也可能是骚扰你的猥琐男，所以大家使用这个功能的时候毫不含糊。但是，在你的现实朋友圈子里，可能也有上述几类人，面对他们的时候，你还能果断地拉黑和绝交吗？恐怕很多人都会回避这个问题。

中国自古以来就是一个人情社会，我们信奉的是“以和为贵”“以德服人”“忍让为高”……我们从小接受的教育也是如此。上学的时候，父母会叮嘱我们：“别跟同学吵架。”上班的时候，父母还会叮嘱我们：“跟领导和同事好好相处。”当然，这种教育本身并没有错，却让我们在无形中惧怕和别人翻脸，因为我们担心风水轮流转，有一天我们会为撕破脸皮付出代价。

我们为什么非要如此小心翼翼呢？朋友圈子，注定就是有人离开就有人进来，不定期更新才预示着你在成长。

三国时期，魏国有一个著名的隐士名叫管宁，他和魏国的重臣华歆师出同门，最后两人却绝交了。原来在他们求学的时候，两个人经常一起读书和劳动。有一次，二人在园子里锄菜，挖着挖着，管宁锄到了一块亮闪闪的黄金，却把它当作土块扔到了一边，继续劳动。在旁边的华歆看到了黄金，也知道管宁没有理睬，但实在忍不住金钱的诱惑，拿在手里看了半天才扔掉，这一幕被管宁看在眼里。后来，他们在屋里读书的时候，外面有达官显贵乘坐华丽的车马经过，周围都是敲锣打鼓和看热闹的。管宁没有理睬接着看书，华歆却跑到门口看了半天热闹，对高官贵胄的生活十分羡慕。等到华歆回到屋里打算继续读书时，管宁却拿刀将两人一起坐着的席子从中间割开，华歆问为什么，管宁说他不配做自己的朋友。至此，两个人恩断义绝。

华歆是一个颇具争议的历史人物，在《三国演义》中是奸人的代表，不过在《三国志》里却被认为有德行和操守，至于真相如何，不必深究。和他相比，管宁是一个不贪恋仕途的著名隐士，一生多次抗命拒不就职。仅从这一点来看，两个人的价值观截然相反。所以管宁和华歆绝交并非是没事找事，是因为道不同不相为谋。

其实很多人的社交圈子里都有华歆这种人，谈不上是大恶之辈，但就是和你亲近不起来，留着他们没什么意义，贸然绝交又有点可惜，成了鸡肋。但仔细想想，鸡肋一样的朋友，对我们的成长和社交并没有多大用处，而且随着时间的推移，我们和他就会像管宁和华歆那样，差距变得越来越大，到那时想不“割席”都不行了。

朋友圈里，有三种人应当绝交。

第一种人，见利忘义的。这种人平时靠吃吃喝喝来维护和他们的感情，甚至需要金钱来维系。你借给他钱了，你才是他的朋友；你请他吃饭了，他才对你笑脸相迎。但是，你根本不了解他的内心世界，他也不关心你的内心成长。在这种人眼中没有朋友和感情，有的只是利益，你在对方眼里不过是一个工具，甚至是一个符号而已。

第二种人，表里不一的。这种人隐藏得相对要深一些，他们口中谈的是感情和道义，骨子里却是赤裸裸的利益。他们会贩卖道德，却干着男盗女娼的事情，是地地道道的伪君子。这种人喜欢伪装自己，以显示出他的“高洁傲岸”。孔圣人曾经说：“先行其言，而后从之。”也就是说你想好的事情要先做出来再去说，否则就是表里不一。这种人如果留在身边，说不定什么时候你就被他坑了，而你可能永远不知情。

第三种人，喜欢占小便宜的。这种人表面上看没有太大的危害，但是小聪明搭配的是胸无大志，更没有什么学问和见识。他们既不能干大事，也不能将一件小事坚持到底，所以他们不会帮助你，只会整天盯着你，从你身上榨取一点价值。这种只知索取却不愿意付出的人，会像水蛭一样慢慢地将你的血吸干，而不会因为可怜你给你留下一滴血。

生命如此宝贵，千万不要将有限的时间浪费在不值得的人身上，即便你能全身而退，不被对方坑，也会在不知不觉中吸收对方的负能量，成为一个令人讨厌的人。更糟糕的是，别人看到你有这样的朋友，会觉得你们是一丘之貉，也会在无形中疏远你。

社交的最终目的是为了心情愉悦，至于互相学习、共同成长都只是附加选项，如果对方品行节操足够好，也同样值得交往。但是对于那些让你不舒服的人应当离得越远越好，没必要留着恶心自己。

一个成熟的人，应当知道自己喜欢什么样的生活方式以及怎么利用有限的时间去交友。人生是做减法，减掉耗费自己时间和精力的人和事，而不是做加法，因为生命实在短暂，经不起一来二去地瞎折腾。

迈不出绝交这一步，是因为人们总觉得多个朋友多条路，但是一个和你“三观”不合的朋友，根本不会帮你拓宽道路，反而会变成“多个朋友多堵墙”。还有一些人深受中庸思想的影响，觉得某些人既然没有大是大非上的错误，不如暂且留着，说不定什么时候用得上。其实，这是一种很天真的想法，一个志不同道不合的所谓朋友，如果你不能和对方保持必要的人情往来，就算你不拉黑他，他也会疏远你，到时候尴尬的反而是你自己。而且，当你发现和对方合不来的时候，对方约你，你去不去？不去你就减了一分，去了你只能是白白浪费生命，所以这种看似现实的冷处理根本不能解决问题。

人际交往最忌讳的是拖泥带水，不要幻想着时间能解决一切问题，更不要幻想时间会让一个人变得更好。如果你不主动采取某些措施，时间只能恶化一些问题。与其消极处理，不如痛下决断，将不合口味的人永远踢出你的朋友圈。这样做虽然会显得有些冷漠和不近人情，但是对那些与你“三观”相近的人来说，你的决绝恰恰是对别人的肯定。一个社交圈子鱼龙混杂的人，只能被看成是没有原则的泥瓦匠——只会和稀泥。

对所有的人都保留情面，会让那些真正对你好的人无地自容。

4. “好人缘”正在拉低你的生活质量

在家靠父母，出门靠朋友。

这句流传至今的俗语向我们证明一个道理：大多时候我们需要朋友来维持生计，人缘越好，机会就越多，所以很多人都渴望拥有好人缘。然而，好人缘很多时候反映出来的是一种病态心理，也就是说你想取悦别人。

我们渴望得到别人的赞美和肯定，尤其是社会评价、奖学金、年终奖这些带有实质肯定色彩的，结果会越来越沉迷于这种交互模式：取悦他人——获得肯定——为证明肯定继续取悦他人……结果我们会像中了蛊一样维系这种美好的感觉。

心理学认为，那种不愿意别人感到不快的人，属于取悦者，他们习惯性地取悦他人。这不是一种高尚情怀，而是一种强迫行为，因为他们不是真的不在乎自己的卑微，而是用内在压力强迫自己去建立和谐的人际关系，最终导致情绪失控。不过，在很多社交场合，这些取悦者往往都有着“与世无争”“人畜无害”等多种美誉，这也从外部条件上增加了取悦者的存在概率。

取悦症从我们幼年的时候就开始了，那时候保护我们的是家长，我们为了让他们更疼爱自己就会取悦他们，由此获得鼓励和肯定。然而这种看似和谐的血亲关系让我们变成了傀儡，一旦得不到肯定就会产生恐慌，会认为家长不再爱自己，会感到自责和挫败，甚至会丧失自我。

当我们长大以后，这种取悦的心态就表现为在人际交往中的错位心理：别人不喜欢我，我就努力取悦别人让他们喜欢我。换句话说，我们对人际关系有一种错误的假设，总是对自己的要求过高，对他人的预期过低。别人给我们一颗枣，我们会还给他们一棵枣树。时间一长，我们就在心理上处于社交关系的下风位置，永远抱着一颗和善的心去和别人交往，不敢对别人发怒，哪怕对方明明伤害到自己，也会认为是自己在某些方面做得不好。这样一来，我们或许能收获所谓的好人缘，但是付出的代价远远大于收益。

在这种病态心理的支配下，我们会把自己想象成一个不够博爱的人，任何一种自私的心理都会遭到我们自己的批判，结果成为社交纠纷中的牺牲品。事实上，自私并非都是负面的，争取自身合法利益应当予以肯定。然而很多人对这个概念无法认清，所以疯狂地执迷于两个字——和善。

于是，和善成了取悦者的墓志铭，冷漠成了自私者的通行证。

其实，我们偶尔不和善一点，根本无伤大雅，甚至从长远来看，对我们人际关系的构建是有好处的。这个理论乍一听觉得很奇怪，其实并没有错。我们不妨设想一下，如果你和善地接受了朋友的任何请求，他们就会因此尊重你、接纳你了吗？当然不是，他们只会认为那是你的举手之劳，或者是你愿意犯贱。反过来，如果你不和善地拒绝了对方的要求，对方可能会觉得他对你不够好所以吃了闭门羹，或者认为你确实没有能力。总之，你的个人形象不会因为一两次的不和善变得更糟，反而会促使一部分人去重新构建你们的关系。

取悦者要想破解心结，就要给自己强烈的暗示：我有自己的主张和需求，我也有自己的欲望和私心，这些对于我来说同等重要。正如我要去照顾别人的情绪一样，在我满足了别人的这些需求时，别人也要同等地尊重我。这些都是作为人的基本需求，没什么可耻的，也不必非要通过培养好人缘去维系。如果好人缘的代价是丧失这些权利，那么好人缘的意义何在？只要抱着这种态度，相信很多心结会迎刃而解。

好人缘并不代表着你要惯着别人，好人只是“和为贵”的代名词，不是被所谓的和善绑架。如果和善带给我们焦虑，那么这必定是一种伪和善。人际交往中，人和人之间存在冲突再正常不过了，哪怕是亲人和朋友之间也不可能方方面面都能达成共识，因此如何化解这些冲突是每个人的必修课，而不能简单地用好人缘去抵消。如果矛盾不能解决，你的和善脾气也只能短暂地维持一段时间。

好人缘很多时候其实是一厢情愿，甚至会让别人感到不舒服。

茉莉是公司的新人，虽然她没有什么职业背景，但是为人乖顺，工作起来也很卖力，上司也很看重她。茉莉对身边的同事们也很照顾，总是想方设法培养最理想的人际关系。有一次，公司来了个实习生，穿的衣服比较寒酸且款式老土，用的手机还是几年前的千元智能机，有些人就在背后议论实习生的家境如何如何。作为同样初出茅庐的新人，茉莉或许是同病相怜，每天都会找机会跟她说话。有一次趁大家不在，茉莉竟然将自己用了半年的九成新手机送给了实习生，还叮嘱她说："公司里不比学校，个人形象还是要注意一下的，不然可能会被别人看不起。"实习生接过茉莉的手机，很是尴尬，茉莉却认为自己做了一件善事。然而让茉莉没想到的是，过了两个星期，实习生竟然给了她1000元钱，说是买她手机的钱。茉莉哪里肯要，就极力推辞，最后实习生把手机还给了她，过了几天就离开了公司。后来，公司里传出了茉莉用手机挤走了新人的谣言，茉莉很是生气。上司找她核实此事，茉莉本想一吐为快，但是为了好人缘就说是自己说话不得体得罪了实习生。

从那以后，谣言渐渐散去，但是公司里很多重要的项目都不敢交给茉莉，因为上司害怕她会把人际关系搞得更复杂。不仅工作上如此，生活中茉莉也成了被孤立的对象：公司大聚会的时候，很少有人和她私下聊天，就连K歌也没人与她合唱，小聚会倒是不用她操心了——根本没人叫她。茉莉意识到自己为了好人缘牺牲了太多，就主动找上司想要解释清楚，然而上司只是敷衍地听着，根本没把她的话当回事。在如此恶劣的环境中，茉莉很难立足，最后也和实习生一样被迫走人了。

茉莉的所作所为其实没有太大纰漏，关心家庭困难的同事没有错，但是方式方法值得商榷。更重要的是，被人误会之后还想着维持下滑的口碑，这就是取悦症发展到极致带来的恶果——你的取悦不仅达不到预期目的，反而会让别人更加厌恶你。

执迷于好人缘的人，生活质量注定不会很高，因为他们已经让别人介入自己的生活，他们会考虑自己的进退是否会影响到别人对自己的看法，抱着这种心态与人相处很难快乐。人和人的利益冲突始终存在，我们主动让给别人，就是亏待了自己，更重要的是别人不会为此领情，只会认为是你不配获得这些，于是“好人缘”就在很多忍让中变成了无能的代名词。高质量的生活，当然不是以牺牲别人的利益为筹码，但更不会是牺牲自我来换取的，因为这本身就自相矛盾。除非你的人生目标就是做救苦救难的菩萨，否则还是请放过你自己吧。

美好的生活，属于那些敢于直面现实和内心的人，而那些好人缘的经营者，既不敢正视现实中的人际冲突，也不敢正视备受煎熬的内心，离快乐就越来越远。

5. 最好的情绪要留给最亲的人

在大街上，我们经常能看到这样几幕场景。某人拿着电话毫无耐心地跟家人说：“我现在正忙着呢，等我回去再说！”再或者就是：“没工夫跟你说了，先挂了。”然而，这些大忙人放下电话又干了什么呢？无非是和一帮狐朋狗友吃吃喝喝，并非是真的忙。

曾经有一条公益广告探讨亲人之间的关系问题，令人感触颇深。在广告中，20个参加试验的家庭成员都收到了一条模拟诈骗的信息，他们都识别出了其中有诈，原因是对方诈骗的技巧十分拙劣，只有傻子、笨蛋、贪财鬼才会上当。就在这时，来自这20个家庭的其他成员被请出来，他们当中有的被人骗了几万，有的被骗了十几万，而且他们都选择了对家人隐瞒。这些参与者都十分惊讶，他们万万没有想到家人被骗了却不告诉自己，而他们却用“傻子”“笨蛋”这些难听的词去形容被骗的人。

既然被骗，为什么选择不告诉家人？原因很简单，他们不想把坏消息告诉家人，让他们无端承受负面情绪。

很多人经常会犯的错误是，把最好的情绪留给了外人，把最差的情绪留给了亲人。这大概是因为，我们觉得亲人不会介意，而外人不能轻易招惹。同理，当别人给我们小恩小惠的时候，我们也会非常感动；而亲人给予我们关怀时却熟视无睹，结果就造成了我们对陌生人报以极大的耐心和宽容，而对亲人挑剔和苛刻。

其实很多人忘记了，当我们打拼在外弄得一身伤痕的时候，家才是我们的避风港，亲人才是真正关心和保护我们的人。而那些我们以礼相待的外人是不会介意我们的死活的，也许最多能说一两句安慰你的话，有的人甚至更喜欢看你的笑话。

现代科学证实，恶劣的人际关系会损害健康。国外做过一项调查：在大学宿舍里，如果A室友讨厌B室友，B室友也不喜欢A室友，那么他们相比其他和睦相处的室友更容易患上感冒或者风寒，体质也会下降。因此有科学家做出结论：生活中对你最重要的人和你的健康关系最大，这是因为你们之间产生了深度的情感联系和情感寄托。在那些有着密切的、可靠的社会关系网络的社会群体中，有的人虽然应激水平很高，时常发怒，但是因为有家人和朋友可以倾诉和陪伴，即便经历了灾难也能从容地走出来。相反，在夫妻关系不和的家庭里，即使没有什么让你发怒的事情，缺乏温暖和关爱的情感环境也会影响到你的健康。

最亲的人能够给予你积极的情绪，而你却把坏情绪给他们，这是否太不公平了？

春秋时有个孝子叫闵子骞，他自幼丧母，父亲续弦之后又生了两个弟弟。继母对闵子骞百般虐待，用芦花给他做衣裳，两个弟弟却穿着暖和的棉衣。但是，闵子骞从来没有对父亲抱怨过，对待两个同父异母的弟弟也十分和气。有一天，闵子骞和父亲外出，因为天气冷，闵子骞身上的衣服又十分单薄，所以他冻得浑身发抖，不过他还是没有发一句牢骚。但是父亲见他这副样子却很生气，认为闵子骞是故意表现出继母对他不好，二话不说抡起鞭子就抽打闵子骞，结果衣服被打破了，芦花也飞了出来，闵子骞的父亲这才得知真相。他当即大发雷霆，表示要休掉继母，然而闵子骞却劝说父亲："母在，一子寒，母去，三子单。"让父亲打消了休妻的念头。后来，闵子骞的继母知道他没有抱怨自己，也心生悔恨，从此一家人和睦相处。

按理说，闵子骞摊上这样的继母，应该早就向父亲告状才对，但是他没有这么做。因为他把继母和两个弟弟都看成是自己的家人，一旦说出真相家庭必然大乱。闵子骞用宽容的正面情绪对抗继母狭隘的负面情绪。同样，闵子骞的父亲不分青红皂白就鞭打儿子，这是用暴躁的坏情绪对抗儿子为他人隐忍不发的好情绪。这一家人能够最终和睦相处，都在于闵子骞没有以恶制恶，才让继母认识到了自己的错误。

这个世界上不会有人对谁无缘无故的好，只有亲人往往是无条件的。所以面对他们时，我们要提早把坏情绪消灭掉。人的坏情绪如同垃圾，我们都知道它不好，却不知道该如何处理，它不像我们脚下的垃圾可以被垃圾桶带走，也不像电脑里能够清空作废的文件。所以我们要仔细想一想：悲伤是否给了你坚强的动力？焦虑是否让你为生活做好了准备？愤怒是否让你有机会审视自己？如果没有，我们为什么还要把这些坏情绪传播给最亲的人呢？

家应该是我们最珍惜的地方，亲人应该是我们最珍视的财富。当我们受伤时，至亲是唯一能够让我们纵情欢笑的人。现实生活中，有些人存在着两面性，他们声称自己具有双重人格，进可攻退可守，在外人面前八面玲珑，在家人面前变身性情中人，心里怎么想嘴上就怎么说出来，如果至亲心情好尚可，如果心情不好，就会将负面情绪转移到他们身上，甚至会引发没必要的争吵。要知道，我们在外面受的委屈和其他人无关，迁怒于人是非常幼稚的表现。

人应当学会感恩，特别是对我们身边的人，能够影响到他们心情的人，肯定是对他们来说最重要的人，所以，无论你多么愤怒，都要收起狂暴的情绪，因为你为此丧失的可能永远都找不回来了。

作家周国平说过一句话："对亲近的人挑剔是本能，但克服本能，做到对亲近的人不挑剔是种教养，我们要警惕本能，培养教养。"

6. 自信的人才能受人欢迎

据统计，90%的人在社交中都会有一点恐惧心理，这种心理的根源就是不自信。成功的社交离不开自信，自信也是对外展示自己的第一步。如果一个人连自己都不喜欢，怎么能奢求别人喜欢自己呢？很多人不敢与别人主动交往，就是心理出现了问题，他们生怕自己因为言行不慎出了洋相，最后成为别人的笑柄，结果变得更加恐惧社交，性格也逐渐变得孤僻自傲。

这种性格可能是童年经历惹的祸。

国外心理学家曾经做过一项实验，研究人员将两块积木交给几个月大的婴儿，然后向婴儿展示他组合两块积木的方式。结果，有的婴儿将积木含在嘴里，然后用积木擦擦头发后扔到一边，如果有人帮助婴儿捡回来，婴儿就会将两块积木放在一起完成任务，然后会认真地看着工作人员希望得到表扬。后来证明，有这样反应的婴儿都是自信的，他们能够通过自己的努力得到成年人的表扬并会在日后的生活中战胜种种困难。相比之下，那些成长于家庭关系不和谐的环境中的婴儿，由于缺少家人的关爱和鼓励，所以他们在组合积木时会表现出期望失败的动作。其实他们也懂得成年人的要求，只是他们知道自己即便完成了也不会得到奖励，因此就表现得畏首畏尾。

原生家庭不够和谐，父母无法长期陪伴在子女身边，陪伴他们的只有玩具，于是这些孩子就习惯了这种方式，变得讨厌社交，总觉得一个人的世界是最美好的。在这种心理的驱动下，他们一旦进入社交场合就会高度紧张，每说一句话、每做一个动作都十分在意别人的看法。这种恐惧心理会让他们越来越害怕和拘束，因为他们总会认为大家都在观察着他们。

用一句专业术语来说，缺乏自信的人就是缺乏情绪竞争力。因为他们无法从家庭中获得足够的信心来源，在进入社会以后就会遇到社交障碍，换个角度看是社会化程度不够，无法完成情绪竞争力的培养。但是，如果通过有意识的自我训练，从焦虑、痛苦和愤怒中迅速解脱，乐观面对挫折和苦难，也能克服对社交的恐惧。

艾米是一个极有自信的女孩子，从进入大学的第一天，她站在讲台上落落大方地介绍自己开始，就获得了许多男孩子的青睐。毕业后，艾米和同学整天忙着面试。一些同学找到了理想的工作，而艾米似乎并不着急，她说第一份工作马虎不得，要认真物色。一天下午，艾米陪同学逛街时，忽然接到了一家公司的电话，让她一小时之后去面试。同学一听就急了："你连职业装都没穿，对方又是一家大公司，这怎么行呢?"艾米笑了笑说"没事"。

一个小时后，艾米来到那家公司，还没走进面试专用的招待室，她就在走廊里看到了十几个身着正装、打扮靓丽的女生，而她是一身运动服加淡妆。很快，轮到艾米面试，HR（人力资源）看她的眼神都有些异样。不过艾米并没有被这些因素影响，流利地回答HR提出的问题。在面试即将结束时，HR突然问艾米："我想问问你，为什么穿得这么随便就来面试呢？你看看其他女孩，再看看你自己，能否给我一个聘用你的理由。"艾米笑了笑说："贵公司是在招聘能给公司创造价值的公关人员，并不是选美，而且我是在一个小时前接到的电话，没有时间换衣服，对此我也很不满意，但是总比爽约要好得多吧？至于您说的那些女孩，穿着打扮确实比我漂亮，但是今天我和她们也没有可比性。"HR听了之后点点头，几天后，艾米被通知去公司报到。后来，艾米见到HR的时候，对方不无感慨地说："我面试过很多女孩，有漂亮的，有吃苦耐劳的，也有学识渊博的，但是像你这么自信的，我还是第一次见到。那天其他女孩是高配版的OL（女白领），而你只是一个平价版的女白领，但是加上自信，你就成了参加面试的女王。"

艾米的自信源于一种不做作和真诚，这和自大有着本质的区别，她承认自己在衣着打扮上输给了别人，但是她并不承认自己的能力也屈居人下，这种强烈的自信感深深震撼到HR，想不录用她都不行。

人要获得自信，就要正视自身价值，打消自卑心态。自卑大多是因为在人际关系中感受到自我失败的体验多，总是认为自己一无是处，因此对自己缺乏信心和社交的勇气。在社会交往中，自卑是影响发展的重要因素。很多人自卑是因为总是想要和别人进行比较，结果越来越看轻自己，只有像艾米那样，能够理性分析自己和其他应聘女孩的优劣对比，才能给予自己最大的自信，由此产生一种让人欣赏的气质，这样的人谁能不欢迎呢？

有些人的不自信是因为不懂得社交技巧，不知道该如何与别人打交道，以及如何在别人面前展示自己，等等。这些技巧的缺失会让他们身处人群中变得十分紧张，由此会减少社交活动，结果彻底断绝了锻炼社交技巧的机会。所以，我们要尝试从这种恶性循环中走出来。

一位母亲带着女儿去看心理医生，母亲说，她的女儿十分自卑，从来不参加任何社交活动。心理医生打量了一下这个女孩，发现她面无表情、衣着邋遢，于是他跟母亲耳语了几句，然后对女孩说：“今晚我在家里举办一个来访者联谊会，你能来帮我招待客人吗？”女孩原本有些抗拒，但是在母亲的劝慰下答应了。到了晚上，心理医生听到有人敲门，打开门一看，发现门口站着一个仪态优雅的女孩，医生辨认了一下才知道她就是那位邋遢女孩。当晚，女孩和其他来访者自然、亲切地聊天，讲述彼此的心理症结，结交了不少朋友。后来，女孩告诉心理医生，她之前因为自卑一直穿着随意，认为自己怎么打扮都不会让人喜欢。后来医生邀请她参加晚宴，母亲专门给她买了晚礼服，当她照镜子发现自己像变了一个人的时候，她的自信心就找回来了。

人活着就会有正常的社交需求，这也是人类立足于社会的基础，有良好社交的人才能增强幸福感，也是重塑自信心的关键。

很多人并没有那么恐惧社交，他们真正恐惧的是人际关系中的钩心斗角，他们也曾经在人群中游刃有余地社交，但是因为被人算计过，从此变得小心翼翼，不想重蹈覆辙。客观地讲，这种心理也是正常的。但是他们忽略了一个重要问题：当你对别人抱着提防的心理时，别人也很难对你敞开心扉，结果导致社交环境持续恶化。人际交往毕竟是源于彼此之间的互动，越是害怕就越是敌视，由此会造成别人情绪的波动。因此，我们要学会理性看待过往和当下，这样才能更好地建立人际关系循环。

自信和阳光的人，总是会给周围的人带来快乐，所以大家很容易接纳这种人。如果你现在还不够开朗，那么可以尝试通过人际交往来改变自己。记住，人的性格是可塑的，你还有机会改变。